国家课程思政示范课精品教材

人工智能应用导论

第二版

主　编　曾文权　哈　雯　杨忠明

副主编　杨家慧　苑占江　黄丽霞　胡建华

参　编　王　波　徐跃飞　刘　灿　毛华庆

　　　　朱弘旭　朱　丽

西安电子科技大学出版社

内容简介

本书采用模块化、项目化、实验手册式、思政融入的设计思路，整体分为 AI 概述、会听会说、会看和会推理四大模块，共 9 个项目。模块一为 AI 概述。首先介绍了人工智能发展历程、现状及趋势，线上、线下体验典型应用场景；然后以人工智能三要素（数据、算力和算法）为主线展开介绍，围绕 AI 数据预处理、手势识别、云开发钢筋数量清点、房价预测、OCR 识别等项目介绍相关知识技能。模块二为会听会说，围绕智能语音助理项目介绍语音处理的相关知识技能。模块三为会看，围绕智慧食堂场景下的菜品识别和刷脸结算两个项目，介绍计算机视觉的相关知识技能。模块四为会推理，围绕智慧影院场景下电影影评情感分析项目介绍自然语言处理的相关知识技能，围绕影院会员社交网络分析项目介绍图神经网络的相关知识技能。

本书采用"点线面"三维课程思政设计模式，在各个项目实践中融入新时代中国特色社会主义思想和党的二十大精神。本书配有丰富生动的信息化资源，除了常规的学习资料、源代码，还提供了许多线上微课、动画、案例体验等。读者可以登录 https://icve-mooc.icve.com.cn/cms/courseDetails/index.htm?classId=8418f17bd228461
9bf29c1f45288443a 或者通过手机微信扫描右侧的二维码，加入线上课程学习。线上课程提供丰富的学习、教学资源，读者还可以通过其中的"AI 数字体验中心"沉浸式体验 AI 场景。

本书具有广泛的适用性，可作为计算机与人工智能相关专业公共基础课程的教材，也可作为经济学、农学、医学、管理学等学科专业的信息技术素养类课程的教材。

图书在版编目（CIP）数据

人工智能应用导论 / 曾文权，哈雯，杨忠明主编 . —2 版 . —西安：西安电子科技大学出版社，
2023.3(2023.11 重印)

ISBN 978-7-5606-6761-4

Ⅰ . ① 人⋯ Ⅱ . ① 曾⋯ ② 哈⋯ ③ 杨⋯ Ⅲ . ① 人工智能—应用—教材 Ⅳ . ① TP18

中国国家版本馆 CIP 数据核字 (2023) 第 028883 号

策　　划	高　樱	
责任编辑	高　樱	
出版发行	西安电子科技大学出版社（西安市太白南路 2 号）	
电　　话	(029)88202421　88201467	邮　编　710071
网　　址	www.xduph.com	电子邮箱　xdupfxb001@163.com
经　　销	新华书店	
印刷单位	陕西精工印务有限公司	
版　　次	2023 年 11 月第 2 版　　2023 年 11 月第 3 次印刷	
开　　本	787 毫米 × 1092 毫米　1/16　　印　张　15.5	
字　　数	362 千字	
印　　数	3501 ～ 6500 册	
定　　价	59.00 元	

ISBN 978-7-5606-6761-4 / TP

XDUP 7063002-3

*** 如有印装问题可调换 ***

前言 PREFACE

当前，全球正处于新一轮科技革命和产业变革的重要时期。以人工智能为代表的新一代信息技术，将成为推动我国经济高质量发展，建设创新型国家，实现新型工业化、信息化、城镇化和农业现代化的重要技术保障与核心驱动力之一。

中国人工智能产业化发展迅速，应用场景丰富，企业数量、融资规模均居全球前列，成为人工智能产业化大国之一。近年来，我国政府、企业及社会各界充分认识到"把关键核心技术掌握在自己手中"的重要性，在智能芯片、智能算法、知识图谱、计算机视觉、自然语言处理等技术方面不断取得突破。2021 年第四届世界人工智能大会在上海举行，展出了华为"盘古"、阿里 Alice Mind 等超大规模模型，百度飞桨、一流科技等自主开发框架，寒武纪、天数智芯、登临、清华大学天机芯智能芯片等多项自主研发核心技术，标志着我国人工智能前沿技术的迅速发展。

不同的生产方式和产业格局决定了不同的生产力要素。人工智能的发展正在迅速改变原有的生产力构成和劳动者的技能要求。高职人才的培养，虽不必涉及深刻的人工智能基础理论和算法研究与创新，但仍需培养职业人才的 AI 思维与 AI 技能。

本次教材修订正是在这一大背景下进行的。相比第一版，此版重新设计了系统架构，更新了绝大部分实践案例。本书采用模块化、项目化、实验手册式、思政融入的设计思路，整体分为 AI 概述、会听会说、会看和会推理四大模块，共 9 个项目。本书的系统架构与资源设计如表 1 所示。

表 1　本书系统架构与资源设计

模　块	项　目	任　务	知识技能	创新拓展
模块一 AI 概述	项目 1　纵观 AI 的前世今生	任务一　智能制造案例体验 任务二　智能商务案例体验 任务三　智慧医疗案例体验 任务四　智慧城市案例体验	AI 发展史 AI 现状、特征 AI 政策法规、技术 趋势、业态形式	弱人工智 能到强人工智 能之路
	项目 2　处理 AI 燃料——数据	任务一　网络爬取图片 任务二　图像场景分割标注 任务三　数据可视化	开放数据集 数据采集、清洗、 标注、可视化	数据助力 人工智能成为 经济增长的新 引擎
	项目 3　认识 AI 动力——算力	任务一　华为云工地钢筋数 　　　　量清点 任务二　HiLens Kit 手势识别	云计算的定义、服 务体系、部署模式、 核心技术 边缘计算的概念、 系统架构	云平台—— 新的垂直化 人工智能解 决方案
	项目 4　了解 AI 大脑——算法	任务一　房价预测 任务二　文字识别 (OCR) 任务三　Flippy Bird 游戏	机器学习的基本原 理、线性回归算法、 损失函数 深度学习的基本原 理，深度、卷积、循 环神经网络，对抗生 成网络，强化学习， 深度学习框架	多模态人 工智能的崛起
模块二 会听会说	项目 5　智能 语音助理——语 音处理	任务一　录音与播放 任务二　语音识别 任务三　语音合成 任务四　实现语音助手	语音识别的定义、 历史、技术原理、度 量标准、技术应用限 制与影响因素 语音合成的定义、 基本原理 语音处理人工智能 云平台	AI 虚拟人 物语音实时 互动
模块三 会看	项目 6　食堂 菜品识别——计 算机视觉	任务一　下载并创建数据集 任务二　数据预处理 任务三　构建模型 任务四　训练模型 任务五　调用模型	计算机视觉成像原 理、应用开发流程 TensorFlow 实操 Keras 图像分类 CNN 实现 CIFAR10 图像分类 OpenCV 基础	"拿了就 走"的购物新 体验
	项目 7　食堂 刷脸结算——计 算机视觉	任务一　人脸采集 任务二　人脸检测 任务三　数据预处理 任务四　构建模型 任务五　训练评估模型 任务六　动态人脸识别	食堂刷脸结算系 统架构 人脸识别发展历程 人脸检测、识别 原理 摄像头控制方法 识别结果可视化	二维到三维 ——计算机视 觉的第四次 革命

模 块	项 目	任 务	知识技能	创新拓展
模块四 会推理	项目8 电影影评情感分析——自然语言处理	任务一　下载数据集和预训练词向量 任务二　初始化运行环境和模型参数 任务三　加载数据集 任务四　加载预训练词向量及权重 任务五　构建模型 任务六　训练模型 任务七　评估模型 任务八　调用模型	四个挑战、词法分析、句法分析、语义分析、词语的表示、句子的表示、词向量的获取	大型语言模型——定义交互式人工智能的下一个浪潮
	项目9 影院会员社交网络分析——图神经网络	任务一　构建数据集及创建图 任务二　初始化节点特征 任务三　构建GCN预测模型 任务四　数据预处理 任务五　训练模型 任务六　结果可视化	社交网络的衡量指标图神经网络及DGL框架	基于知识图谱的问答系统

　　本书以新时代中国特色社会主义思想和党的二十大精神为思政面，以人民至上、自信自立、守正创新、问题导向、系统观念、胸怀天下为思政线，在各个项目知识实践中融入思政元素并提供教学示范。本书的课程思政设计如表2所示。

表2　本书课程思政设计

项　目	思政点	思政线	思政面
项目1　纵观AI的前世今生	自主创新、胸怀天下、辩证发展观	人民至上 自信自立 守正创新 问题导向 系统观念 胸怀天下	新时代中国特色社会主义思想和党的二十大精神
项目2　处理AI燃料——数据	制度自信、科技强国、开源精神		
项目3　认识AI动力——算力	职业自信、工匠精神、团队合作		
项目4　了解AI大脑——算法	文化自信、精益求精、自主创新		
项目5　智能语音助理——语音处理	规则意识、职业操守、科技强国、职业自信		
项目6　食堂菜品识别——计算机视觉	科技抗疫、专业自信、科技强国、严谨细致、工匠精神		
项目7　食堂刷脸结算——计算机视觉	奉献自立、严谨细致、善作善成、专业自信、法治观念		
项目8　电影影评情感分析——自然语言处理	文化自信、民族自豪感、专业自信		
项目9　影院会员社交网络分析——图神经网络	积极向上、严谨细致、工匠精神		

本书由曾文权、哈雯、杨忠明任主编，杨家慧、苑占江、黄丽霞、胡建华任副主编，王波、徐跃飞、刘灿、毛华庆、朱弘旭、朱丽参与编写。本书编写团队既有来自企业的高级工程师，又有高校教授，兼顾了企业真实项目开发与教学应用。

本书在实践、体验案例的选编过程中与广州万维视景科技有限公司进行了深度合作，在此表示感谢！书中部分体验案例选用了华为云平台、百度 AI 平台的开放技能，感谢民族企业的强大给学习者带来的便利！

本书提供有工程代码包，读者可登录西安电子科技大学出版社官网 (www.xduph.com) 下载。

由于编者水平有限，书中可能还有疏漏与不妥之处，恳请广大读者批评指正。

编 者

2022 年 10 月

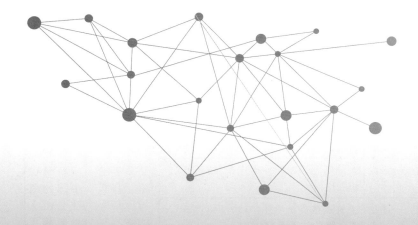

目录 CONTENTS

模块一 AI 概述

模块二 会 听 会 说

模块三 会 看

模块四 会 推 理

模 块 一

▶▶▶▶ AI 概述

项目1 纵观 AI 的前世今生

教学导读

【教学导图】

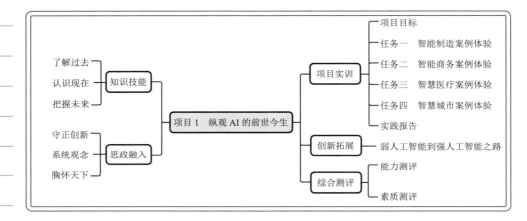

无处不在的
人工智能

【教学目标】

知识目标	了解人工智能的发展历程 了解人工智能的国内外发展现状与发展特征 了解人工智能的技术发展趋势与相关政策法规
技能目标	体验人工智能在各行各业的应用场景，培养 AI 思维
素质目标	树立科技强国、自主创新、胸怀天下、技术报效祖国的使命感
重点难点	人工智能在制造、商务、医疗、城市等各行各业的应用案例

【思政融入】

思政线	思政点	教学示范
守正创新 系统观念 胸怀天下	树立科技强国、自主创新、技术报效祖国的使命感	在 1.2 节人工智能的发展现状中，对比我国与其他国家人工智能的发展现状，分析优势与不足，激发爱国热情，树立科技强国、胸怀天下、技术报国的使命感
	用辩证发展的观点认识人工智能的发展历程	在能力测评中，调研本专业对应的岗位在 AI 时代是否会被人工智能取代，用辩证发展的观点认识新事物，培养辩证思维、系统思维

善学勤思
谈谈我们日常生活中接触到的人工智能技术。

情 景 导 入

　　早上，你被手机语音唤醒，询问手机助手天气状况，窗帘系统全部准时自动开启，和煦的阳光照进室内，美好的一天开始了！

　　上班时间到了，轻触一键离家按钮，室内所有灯光、电器、窗帘全部自动关闭。同时安防模式开启，在家中无人的情况下，如果有人从门窗进入室内，门窗报警器就会蜂鸣报警，摄像头会自动抓拍，并将照片推送到家人手机中。

　　开车去上班，出小区有自动识别车牌系统放行，智能地图导航预测交通状况，帮你避开拥堵路段，自动规划好一条耗时最短的路线。

　　进入公司有无感人脸打卡，坐在工位上开始一天的工作。

　　下班开车回家途中，系统自动检测你与家的距离，当距离小于 1000 m 的时候，家中的空调和新风系统自动开启，调节室内温度和空气质量，热水器自动加热。

　　回到家，指纹解锁打开家门，玄关灯光、客厅灯光自动开启，窗帘缓缓打开，智能影像系统开启并自动推荐你喜欢的节目。

　　晚间，智能音箱播放舒缓的音乐，提醒你要睡觉了，语音设置定时关闭，然后整个房间的灯光、窗帘和电器都调整到睡眠模式的状态。在普通的一天里，你知道我们接触到了哪些人工智能的应用吗？除了日常生活，在生产、服务各行各业、各个角落也隐藏着人工智能的身影 (人工智能的行业应用如图 1-1 所示)。那么，到底什么是人工智能？它从何而来？现状如何？未来又何去何从？本项目中将为大家揭开人工智能的神秘面纱。本章项目实训还将通过线上展馆带领大家一起更加立体地理解人工智能的应用场景。

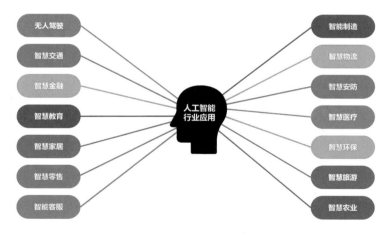

▲ 图 1-1　人工智能的行业应用

知 识 技 能

　　那么，什么是人工智能呢？人们对人工智能的定义是随着其发展而不断变

化的，直到今天，也存在很多不同的定义，相对比较科学的定义是中国科学院谭铁牛院士对人工智能的定义：人工智能 (Artificial Intelligence，AI) 是研究开发能够模拟、延伸和扩展人类智能的理论、方法、技术及应用系统的一门新的技术科学，研究目的是促使智能机器会听 (语音识别、说话人识别、机器翻译等)、会看 (图像识别、文字识别、车牌识别等)、会思考 (人机对弈、定理证明、医疗诊断等)、会说 (语音合成、人机对话等)、会学习 (机器学习、知识表示等)、会行动 (机器人、自动驾驶汽车、无人机等)，如图 1-2 所示。

▲ 图 1-2 人工智能的研究目的

1.1 了解过去

神秘又令人神往的人工智能的发展并不是一帆风顺的，在充满未知的探索道路上经历了繁荣与低谷，然而，它又以新的面貌迎来了新一轮的发展。人工智能的发展史可以分为 6 个阶段：人工智能的孕育与诞生、第一次繁荣期、第一次低谷期、第二次繁荣期、第二次低谷期和稳定发展期。人工智能的发展历程如图 1-3 所示。

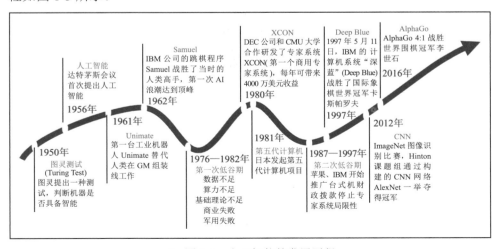

▲ 图 1-3 人工智能的发展历程

1.1.1　人工智能的孕育与诞生

在 20 世纪 40 年代和 50 年代，来自数学、经济学、心理学和工程学等不同领域的科学家开始探讨制造人工大脑的可能性。

1. 控制论与早期神经网络

诺伯特·维纳 (Norbert Wiener) 的控制论描述了电子网络的控制和稳定性。克劳德·香农 (Claude Shannon) 提出的信息论则描述了数字信号 (即高低电平代表的二进制信号)。1943 年，最早描述神经网络的学者沃伦·麦卡洛克 (Warren S. McCulloch) 和沃尔特·皮兹 (Walter Pitts) 分析了理想化的人工神经元网络，并且指出了它们进行简单逻辑运算的机制。1951 年，马文·明斯基 (Marvin Minsky) 与迪恩·埃德蒙兹 (Dean Edmonds) 构建了第一台人工智能计算机。1953 年 IBM 推出 IBM 702，成为第一代 AI 研究者使用的电脑，如图 1-4 所示。

▲ 图 1-4　第一代 AI 研究者使用的电脑 IBM 702

2. 图灵测试

1950 年，艾伦·麦席森·图灵 (Alan Mathison Turing) 针对机器能否思考，发表了一篇题为 *Computing Machinery and Intelligence*(计算机器与智能) 的论文。这篇论文提出了一种通过测试来判定机器是否有智能的方法，被后人称为 " 图灵测试 "(Turing Test)。这一划时代的作品，使图灵赢得了 " 人工智能之父 " 的桂冠。图灵测试示意图如图 1-5 所示。

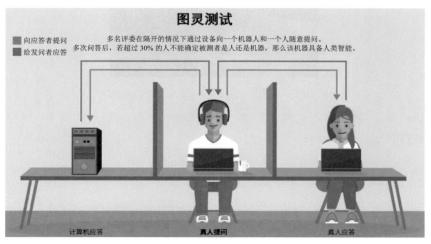

▲ 图 1-5　图灵测试示意图

3. 达特茅斯会议——人工智能的诞生

1956 年 8 月，在美国汉诺斯小镇的达特茅斯学院 (Dartmouth College)，美国麻省理工学院的约翰·麦卡锡 (John McCarthy) 和马文·明斯基 (Marvin Minsky)、美国卡内基梅隆大学的艾伦·纽厄尔 (Allen Newell) 和赫伯特·西蒙 (Herbert Simon) 以及美国 IBM 公司的亚瑟·塞缪尔 (Arthur Samuel) 等科学家参加了一个重要会议，即达特茅斯夏季人工智能研究项目，研讨"如何用机器模拟人的智能"。会议使用了"人工智能"这个名称作为会议主题，标志着人工智能作为一个研究领域正式诞生，为后续人工智能的发展奠定了学科基础。因此，1956 年被公认为人工智能元年。

1.1.2　第一次繁荣期 (1956—1976 年)

1959 年，亚瑟·塞缪尔 (Arthur Samuel) 创造了"机器学习"一词，其研制的跳棋程序打败了 Samuel 本人。在此期间，机器翻译、机器定理证明、机器博弈开始兴起，掀起了人工智能发展的第一个高潮。

1961 年，Unimation 公司生产的世界上第一台工业机器人 Unimate 在美国新泽西州的通用汽车公司安装运行。这台工业机器人用于生产汽车的门、车窗把柄、换挡旋钮、灯具固定架，以及汽车内部的其他硬件等。遵照磁鼓上的程序指令，Unimate 机器人 4000 磅重的手臂可以按次序堆叠热压铸金属件。Unimate 机器人成本耗资 65 000 美元，但 Unimation 公司开始售价仅为 18 000 美元，大量推广应用后获得了可观盈利。世界上第一台工业机器人 Unimate 如图 1-6 所示。

▲ 图 1-6　世界上第一台工业机器人 Unimate

1962 年，IBM 公司的跳棋程序 Samuel 战胜了当时的人类高手，人工智能第一次繁荣期达到了顶峰。

1.1.3　第一次低谷期 (1976—1982 年)

人们的乐观情绪在 20 世纪 70 年代渐渐被浇灭，最尖端的人工智能程序也只能解决他们尝试解决的问题中最简单的一部分。当时，计算机有限的内存和处理速度不足以解决任何实际的人工智能问题。研究者发现，就算是对儿童而言的常识，对程序来说也是巨量信息。随着人工智能发展遭遇瓶颈，一些投资资金纷纷抛弃人工智能领域。到了 20 世纪 70 年代中期，人工智能项目已经很难找到资金支持，人工智能的发展进入低谷。

1.1.4 第二次繁荣期（1982—1987 年）

20 世纪 80 年代中期，DEC 公司与卡内基梅隆大学合作开发了 XCON 专家系统——第一个商用专家系统，其作用是按照需求自动配置零部件，它每年可为 DEC 公司节省数百万美元。专家系统架构如图 1-7 所示。

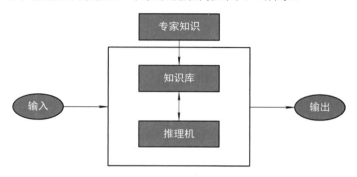

▲ 图 1-7 专家系统架构

1981 年，日本国际贸易和工业部投资第五代计算机项目，目标是造出能够与人对话、翻译语言、解释图像，并且像人一样推理的机器，推动人工智能走入应用发展的新高潮。该项目自身未取得突破，加之个人电脑的推出以及后期赶上互联网突起，最终以失败告终。计算机硬件历经四代，如图 1-8 所示，目前我们仍然处在第四代超大规模集成电路时代。

第一代计算机——电子管

第二代计算机——晶体管

第三代计算机——集成电路

第四代计算机——超大规模集成电路

▲ 图 1-8 计算机硬件历经四代

1.1.5　第二次低谷期 (1987—1997 年)

苹果、IBM 成功推出第一代台式机，其费用远远低于专家系统所使用的 Symbolics 和 Lisp 等机器。1981 年，IBM 第一台个人电脑上市，售价仅 2880 美元，如图 1-9 所示。受其影响，日本第五代计算机、英国 Alvey 项目相继失败。随着人工智能的应用规模逐步扩大，专家系统存在的应用领域狭窄、缺乏常识性知识、知识

▲ 图 1-9　IBM 第一代个人电脑

获取困难、推理方法单一、缺乏分布式功能、难以与现有数据库兼容等问题逐渐暴露出来。20 世纪 80 年代末期，由于人工智能的项目成果不明朗，对人工智能的资金支持也大幅缩减。

1.1.6　稳定发展期 (1997 年至今)

1997 年 5 月 11 日，IBM 研发的国际象棋电脑"深蓝"(Deep Blue) 战胜了国际象棋世界冠军加里·卡斯帕罗夫 (Carry Kasparov)。"深蓝"的运算速度为 2 亿步棋每秒，并存有 70 万份大师对战的棋局数据，可搜寻并估计随后的 12 步棋。这成为人工智能史上的一个重要里程碑。图 1-10 为当时的对弈场景。

▲ 图 1-10　"深蓝"战胜卡斯帕罗夫 (右边为"深蓝"操作者)

2012 年，Hinton 课题组为了证明深度学习的潜力，首次参加 ImageNet 图像识别比赛，其通过构建的卷积神经网络 (Convolutional Neural Networks，CNN) AlexNet 一举夺得冠军，且分类性能远超第二名 (SVM 方法)。卷积神经网络是具有深度结构的前馈神经网络 (Feedforward Neural Networks)，是深度学习 (Deep Learning) 的代表算法之一。也正是由于该比赛，CNN 吸引到了众多研究者的注意。

2016 年 3 月，AlphaGo 以 4:1 战胜世界围棋冠军李世石。AlphaGo 是由 Google DeepMind 开发的人工智能围棋程序，具有自我学习能力，它能够搜集大量围棋对弈数据和名人棋谱，可以自主学习并模仿人类下棋。图 1-11 为 AlphaGo 挑战李世石的现场场景。

▲　图 1-11　AlphaGo 挑战李世石的现场场景 (左边为 AlphaGo 操作者)

⚙ 　1.2　认识现在

1.2.1　发展现状

1. 学术前沿进展

人工智能学术论文发表量逐年上升，机器学习仍是投稿量最大的主题，其次是计算机视觉领域 (根据 arxiv 平台上 2022 年 1 月至 6 月论文发表情况统计)。此外，随着人工智能研究范围的不断拓展，以及人工智能领域与其他领域的交叉融合，计算机视觉与机器学习领域之外的人工智能论文近年来发表量增速与往年相比有明显提高，人工智能是一个年轻的领域，不断有新的研究方向涌现。从论文发表以及业内信息来看，人工智能最新进展主要集中于人工智能新技术、人工智能新框架与人工智能新应用三个方面。

AI 发展现状

2. 产业发展

全球范围内的市场产业化快速推进，中国市场产业化规模及增速位居前列。2021 年，中国人工智能市场收支规模达到 82 亿美元，占全球市场规模的 9.6%，在全球人工智能产业化地区中仅次于美国及欧盟，位居全球第三。IDC 预测，2022 年该市场规模将同比增长约 24% 至 102 亿美元，并将于 2025 年突破 160 亿美元。

大数据分析需求的增长、云服务普及率的不断提高以及市场对智能决策助手不断增长的需求，是推动 AI 行业发展的关键因素。据上海数字大脑研究院《2022 上半年度人工智能行业报告》显示，受益于信息流广告及内容推荐算法在互联网行业的快速崛起，广告及传媒领域应用占市场规模的 21%，是目前 AI 市场化应用规模最大的行业；金融保险 (17%)、医疗 (13%)、零售 (11%) 也是人工智能应用较为成熟的行业。同时，伴随着自动驾驶及智能制造解决方案的快速发展，汽车 (10%) 及工业制造 (9%) 也成为发展最快的 AI 应用领域。全球人工智能产业市场规模分布图 (按应用领域) 如图 1-12 所示。

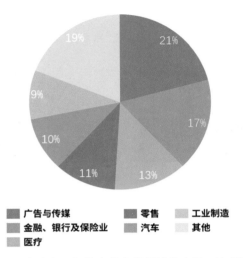

▲ 图 1-12　全球人工智能产业市场规模分布图 (按应用领域)

3. 资本市场动态

　　人工智能应用场景落地项目为投融资热门方向。2022 年上半年国内人工智能细分行业融资事件分布以应用场景为主。其中自动驾驶以及智能医疗作为其中的主要场景受到资本市场的广泛重视，累计贡献应用场景中近 40% 的融资事件。芯片半导体等硬件为代表的人工智能基础支撑方向获得资本市场的青睐，相关事件的占比从去年至今不断提高，截止到 2022 年第二季度贡献当季 27% 的投融资事件。图 1-13 为人工智能细分行业融资事件分布。

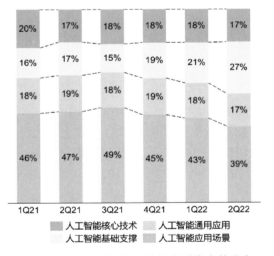

▲ 图 1-13　人工智能细分行业融资事件分布

1.2.2　发展特征

　　在数据、运算能力、算法模型和多元应用的共同驱动下，人工智能的定义正从用计算机模拟人类智能演进到协助引导提升人类智能。通过推动机器、人与网络相互连接融合，更为密切地融入人类生产生活，从辅助性设备和工具进化为协同互动的助手和伙伴，新一代人工智能的主要发展特征如图 1-14 所示。

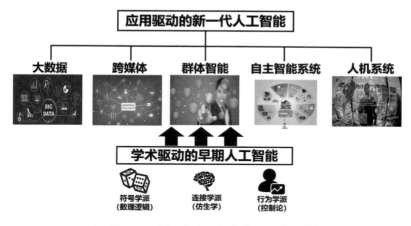

▲ 图 1-14 新一代人工智能的主要发展特征

(1) 大数据成为人工智能持续快速发展的基石。

随着新一代信息技术的快速发展，计算能力、数据处理能力和处理速度极大提升，机器学习算法快速演进，大数据的价值逐渐凸显。

(2) 文本、图像、语音等信息实现跨媒体交互。

计算机图像识别、语音识别和自然语言处理等技术不断发展，与此同时，文本、图像、语音、视频等信息突破了各自的局限，实现跨媒体交互、智能化搜索、个性化推荐的需求进一步发展。

(3) 基于网络的群体智能技术开始萌芽。

随着互联网、云计算等新一代信息技术的快速应用及普及，人工智能研究的焦点已从打造具有感知智能及认知智能的单个智能体向打造多智能体协同的群体智能转变。

(4) 自主智能系统成为新兴发展方向。

随着生产制造智能化改造升级的需求日益凸显，通过嵌入智能系统对现有的机械设备进行改造升级成为更加务实的选择，自主智能系统正成为人工智能的重要发展及应用方向。

(5) 人机协同正在催生新型混合智能形态。

人类智能在感知、推理、归纳和学习等方面具有机器智能无法比拟的优势，机器智能则在搜索、计算、存储、优化等方面领先于人类智能，两种智能具有很强的互补性。人与计算机协同，互相取长补短将形成一种新的"1+1>2"的增强型智能，即混合智能。

⚙ 1.3 把握未来

人工智能是新一轮科技革命及产业革命重要的着力点，人工智能的发展对国家经济结构的转型升级有着重要的意义。虽然人工智能已经发展了 60 多年，涉及许多领域，但就目前的情况而言，人工智能发展过程中还有许多问题亟待解决，未来还有很长一段路要走。因此，人工智能在未来的发展问题是该学科有关研究人员讨论的重点，本节将从政策法规、技术层面和业态形势三个方面浅谈新一代人工智能未来的发展趋势。

1.3.1 政策法规

人工智能作为全球各国发展数字化的重要技术手段，已经由早期的"野蛮生长"迈入"规范构建"的阶段。当前各国通过政策手段对技术边界做出的规范，其重要性与从战略层面对产业进行的推动并驾齐驱。

截至 2020 年年底，全球共有 32 个国家和地区发布了人工智能国家级战略文件，另有 22 个国家和地区正在制订相关文件。表 1-1 给出了美国、欧盟、亚太以及中国等主要国家和地区在人工智能方面相继出台的国家战略政策法规。

表 1-1 全球主要国家和地区的国家战略政策法规

国家/地区	主要特点	政策法规大事记
中国	以人为本，政府优先，起步虽晚，但是国家战略领先全球	2017 年，"人工智能"首次写入政府工作报告，同年发布《新一代人工智能发展规划》，提出三步走的战略规划，人工智能上升为国家战略 2020 年，"十四五"规划中提到强化国家战略科技力量，瞄准人工智能、量子信息、集成电路等重大科技项目 2021 年，作为"十四五"规划的开局之年，人工智能有望继续得到大力发展
美国	以科技行业为主导，持续加大投入，旨在维持美国优先地位	2016 年，发布《为人工智能的未来做准备》和《国家人工智能研究与发展战略计划》两份重要报告，人工智能上升为国家战略 2019 年，发布一项题为"加速美国在人工智能领域的领导地位"的行政命令，美国监管机构开始接触人工智能 2020 年，发布一份关于联邦机构对人工智能监管方法的备忘录，同年发布《人工智能倡议首年年度报告》，回顾在人工智能方面取得的进展，为未来的 AI 计划提出长期愿景
欧盟	以隐私和监管为驱动，高度关注数据保护和 AI 伦理，监管政策最为严格	2018 年，发布《人工智能协调计划》，要求欧盟成员以及挪威、瑞士等欧洲国家互相合作协调，推进人工智能建设 2020 年，欧盟委员会发布关于人工智能监管框架的初步提案 2021 年，推动人工智能立法，对人工智能使用领域做出明确框定和限制，使人工智能在"可被信任"的前提下造福社会
亚太	积极推进人工智能国家战略	2017 年，日本首次推出人工智能战略文件，并于 2019 年进一步通过《AI 战略 2019》文件以期解决日本所面临的 AI 问题 2019 年，韩国、新加坡等国相继将人工智能上升为国家战略

虽然全球各国和地区相继对人工智能监管采取了相应的措施，但方式上存在显著差异。无论是美国以科技行业为主导的努力、中国政府以人为本的方法，还是欧洲的隐私和监管驱动的方法，谁是最好的前进方向还有待观察。

1.3.2 技术发展

自然语言处理、计算机视觉等感知智能日趋成熟，水平逼近甚至超越人类智能。人工智能的发展脉络一般可分为运算智能→感知智能→认知智能，运算智能用以延伸人类运算能力，感知智能模拟人类的"视听"，认知智能在感知的基础上形成"自我的认知"。计算机视觉 (Computer Vision，CV)、语音识别 (Speech Recognition，SR)、自然语言处理 (Natural Language Processing，NLP) 被用来模拟"视、听、说"等人类行为，目前这些技术已经臻于成熟。表 1-2 给出了目前人工智能技术存在的四大瓶颈问题和未来对应的技术革新。

表 1-2　人工智能技术存在的四大瓶颈问题和未来对应的技术革新

瓶颈问题	技术革新	预期目的	技术特征
瓶颈一：训练模型标注成本高、局限性较大	自监督学习	减少人工干预，帮助 CV、NLP 技术向更精细化方向发展	从无监督数据中自行构造出标签，或利用现有数据去预测缺失数据
瓶颈二：知识广度不够	知识图谱	增强人工智能迁移学习能力	以结构化的数据标签描述客观世界，解决 AI 不可解释的问题
瓶颈三：隐私问题	联邦学习	兼顾效率与隐私，有望解决数据孤岛和隐私问题	在多个主体间不直接共享样本数据的情况下，实现模型的合作开发
瓶颈四：存算分离的硬件架构	神经形态硬件	突破传统架构算力天花板	在硬件层面对人类大脑神经元的模拟，通过存算一体化并行处理数据

总而言之，人工智能将长期向认知智能阶段迈进，甚至不断逼近"通用人工智能"，而当前的技术正处于"感知增强智能"的过渡期。"感知增强智能"是以"通过各种传感器获取信息"的感知智能为基础，佐以各种新技术发展，逐步走向认知智能时代的过渡阶段。

1.3.3 业态形势

(1) 底层技术竞争蕴含马太效应，话语权长期向头部领袖集中。

尽管当前人工智能产业仍处于快速成长期，行业竞争格局仍不稳定，但在底层技术领域的开发框架、模型训练和垂直生态三大维度，头部厂商的马太效应已经初步显现，长尾市场的竞争对手所面临的挑战也越来越大。图 1-15 为目前底层技术领域三大维度的具体表现。

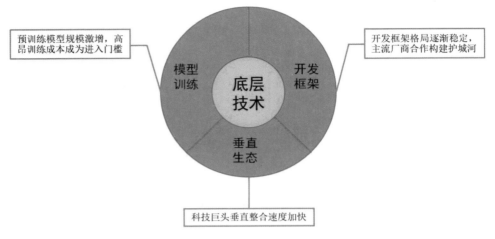

▲ 图 1-15 底层技术领域三大维度的具体表现

(2) 平台化发展模式初现，助力应用层加速演进。

人工智能平台是方便开发者进行开发的一种工具，集成了算法、算力和开发框架。根据 IDC 数据，2020 年上半年我国 AI 平台市场规模达到 1.4 亿美元。例如，阿里云 AI 服务、百度大脑的单日调用均已超 1 万亿次，腾讯 AI 开放平台已服务全球 12 亿用户，人工智能平台发展十分迅速。当前，人工智能平台普遍支持 TensorFlow 和 PyTorch 等各种主流框架，分布式计算不断优化，技术工具链不断丰富完善，使得面向应用的 AI 企业能够迅速通过人工智能平台开发出适合的产品。人工智能平台的出现，有助于应用层的企业在开发环节降本增效，从而为行业生态发展注入活力。

(3) 应用场景：语音、视觉有望率先大规模商用落地。

目前，人工智能浪潮在机器学习、深度学习方面已取得较快进展，感知智能甚至在部分领域超过了人类智能水平，语音识别、机器翻译、图像识别等技术发展成熟，语音、视觉方面的应用有望不再局限于 API 式应用接口，而是成为深度融合特定行业、为传统企业带来丰厚利润的商业应用，将长期助力我国的数字化转型。

旷视、商汤、科大讯飞等典型计算机视觉、语音识别企业，已从单技术研发拓展至多场景解决方案的供应商，逐步覆盖了消费、物流、安全等多个领域。例如，旷视升级仓储物流机器人软件"河图 2.0"，将计算机视觉技术结合 Brain++ 算法赋能智慧物流业务。

项目实训

【项目目标】

本项目需要了解智能制造、智能商务、智慧医疗和智慧城市的功能及架构，体验人工智能相关应用场景。通过本项目，可了解：

(1) 智能制造的功能、架构和应用场景。

(2) 智能商务的功能、架构和应用场景。

(3) 智慧医疗的功能、架构和应用场景。

(4) 智慧城市的功能、架构和应用场景。

任务一　智能制造案例体验

制造业是国民经济的主体，是立国之本、兴国之器、强国之基。智能制造是落实我国制造强国战略的重要举措，加快推进智能制造，是加速我国工业化和信息化深度融合、推动制造业供给侧结构性改革的重要着力点，对重塑我国制造业竞争新优势具有重要意义。

智能制造的核心是信息化与工业化的全流程融合。智能制造基于人工智能、大数据、云计算、物联网以及移动通信技术 (如 5G)，贯穿于产品的需求、设计、采购、生产、管理、服务等各个环节，可通过对制造生产数据的采集、模型构建与机器学习，实施对产品全生命周期的智能决策与精准控制，从而达到重塑生产方式、缩短产品研制周期、降低综合成本、提高生产效率、提升产品与服务质量的效果。智能制造系统架构如图 1-16 所示。与传统制造系统相比，智能制造系统的核心优势在于提升了系统的自感知、自学习、自决策、自执行和自适应能力。

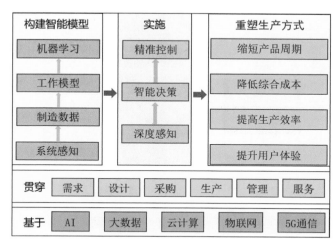

▲ 图 1-16　智能制造系统架构

1. 三维视觉零件检测，提升质检效率

在工业流水线中，很关键的一个环节就是对零部件做质量检测。目前，大多数工厂的零部件检测还是采用人眼观察为主的方式。但是，人工检测往往受到很多主观因素的影响而导致检测结果不稳定。随着机器视觉的迅速发展，越来越多稳定可靠的机器视觉检测产品被投入应用。表 1-3 从各个维度对人工检测与机器视觉检测效能进行了对比分析。

表 1-3　人工检测与机器视觉检测的效能对比

维　度	人工检测	机器视觉检测
效率	效率低 (s 级)，且因人而异	效率高 (ms 级)
精度	受主观影响，精度一般	高精度
可靠性	易疲劳，受情绪影响	稳定可靠
工作时间	工作时间有限，注意力集中时间更少	24 小时不眠不休
数字化	需要人工登记，无法细化到零件个体	自动记录、可追溯
成本	人力、管理成本高	规模化后成本降低
环境适应性	不适合恶劣危险环境	适合恶劣危险环境

善 学 勤 思
反过来想想，
人工检测比机器
视觉检测有哪些
优势呢?

　　图 1-17 是三维视觉工件检测系统，计算机视觉能够通过三维视觉成像及检测分析，自动计算出适合的机械手动作，机械手臂根据检测结果，自动抓取并分拣出合格与有缺陷的零件。由于 4 台相机可生成无死角的图像，应用了实时三维视觉分析，三维检测能在短时间内提供更佳的检测结果。该系统不受工件位置或朝向的影响，能实现稳定检测。

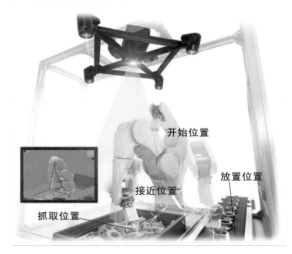

▲ 图 1-17　三维视觉工件检测系统

2. 设备监测，预防风险

　　基于对设备运行数据的实时监测，利用模式识别或深度学习等技术，一方面可以在事故发生前进行设备的故障预测，减少非计划性停机；另一方面，面对设备的突发故障，能够迅速进行故障诊断，定位故障原因并提供相应的解决方案。下面以生产设备动力机构故障监测举例说明。

　　动力机构作为很多生产设备的核心部件，是故障率较高的部位，能够及时、准确地判断其故障类型，对于保证设备正常运行十分重要。我们知道，有经验的设备维修师往往可以通过设备噪声判断出现了什么故障，但这种经验需要时间积累且并不总是可靠。

图 1-18 描述了一种设备故障自动监测方案的实现流程。该方案将声音信号采集传感器加装到生产设备，对设备噪声信号实时采集、分析；构建神经网络模型，利用遗传算法等方法初始化模型权重与阈值；再将历史噪声信息与故障分类输入模型进行训练与评估；模型评估通过后，通过对设备工作噪声的实时侦听进行设备故障风险的预警与分类诊断。

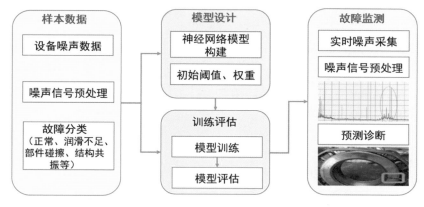

▲ 图 1-18 神经网络实现设备故障监测流程

任务二 智能商务案例体验

智能商务是在数据、算力和算法定义的世界中，以商务数据流的分析推理，化解复杂系统的不确定性，实现商务资源的优化配置。智能商务可以划分为三层：基础层是以数据、算力和算法为核心的底层技术理论；功能层表现为企业在正常运营过程中需要解决问题的服务机理，包含描述、诊断、预测和决策等；应用层则表现为作为供给端的企业，针对消费端客户的个性化需求，如何实现二者的高效协同、精准匹配，实现提升品质、降低成本、优化流程、优化资源配置效率的效果。智能商务系统架构图如图 1-19 所示。

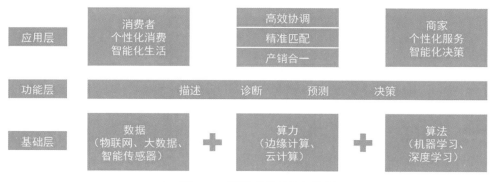

▲ 图 1-19 智能商务系统架构图

1. 用户画像，精准分析用户需求

用户画像是真实用户的虚拟代表，是建立在一系列真实数据之上的目标用户模型。简而言之，用户画像是根据用户的个人数据 (包含社会属性、生活习惯和消费行为等信息) 抽象出一个具有代表性的标签化用户虚拟模型。用户的每一次点击、操作、咨询等行为都是建立用户画像的基本元素，商家以大量的用户基本元素为数据基础，以大数据、深度学习等技术为手段，以用户的个人产品喜好为目标，构建用户的个人画像虚拟模型。

用户画像构建流程可划分为三个阶段，即基础数据搜集、行为建模和构建画像，如图 1-20 所示。

(1) 基础数据搜集大致分为网络行为数据、服务内行为数据、用户内容偏好数据、用户交易数据等四类。网络行为数据包含活跃人数、页面浏览量、访问时长、激活率、外部触点、社交数据等；服务内行为数据包含浏览路径、页面停留时间、访问深度、唯一页面浏览次数等；用户内容偏好数据包含浏览或收藏内容、评论内容、互动内容、生活形态偏好、品牌偏好等；用户交易数据包括贡献率、单价、连带率、回头率、流失率等。

(2) 行为建模是处理搜集到的数据，注重大概率事件，通过数学算法模型尽可能排除用户的偶然行为，进行行为建模，抽象出用户的标签。行为建模的算法包含文本挖掘、自然语言处理、机器学习、预测算法、聚类算法等人工智能算法。行为建模的过程就是使用算法提取数据中的数据特征，并将这种数据匹配对应的标签。

(3) 构建画像是在行为建模的基础上，将第 (2) 阶段的标签与用户的基本属性 (年龄、性别、职业)、购买能力、行为特征、兴趣爱好、心理特征和社交网络等大致地标签化。用户画像只是大概描述一个人在某一阶段的虚拟模型。伴随年龄、环境、地域的不同，用户画像会不断地进行修正。

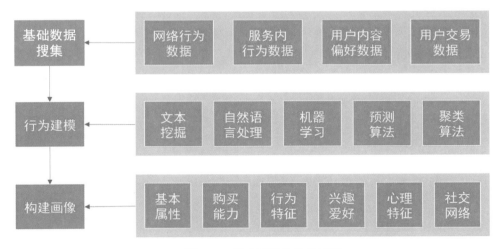

▲ 图 1-20　用户画像的构建过程

用户画像是商家制定个性化营销推荐的基础，其应用主要有以下几方面。

(1) 营销决策：基于用户画像对人群各维度的刻画，洞察目标受众的偏好，指导媒体进行投放优化，提升营销效果。

（2）个性化推荐：根据用户画像获得的用户兴趣偏好、购买行为，向用户推荐其感兴趣的信息和商品。

（3）广告投放：利用用户画像更加精准地定位目标受众，进行产品营销、广告投放等。针对不同的群体采用不同的广告策略，针对不同人群进行广告投放，提高产品转化率。

2. 智能客服机器人，提供极致购物体验

智能聊天机器人是经由对话或文字进行交谈的计算机程序，能够模拟人类对话。研发者把自己感兴趣的回答存放在数据库中，当一个问题被抛给聊天机器人时，它通过算法，从数据库中找到最贴切的答案给予回复。其核心在于，研发者需要将大量网络流行的俏皮语言加入词库，当你发送的词组和句子被词库识别后，程序将通过算法把预先设定好的回答回复给你。而词库的丰富程度、机器人的回复速度，是一个聊天机器人能不能得到大众喜欢的重要因素。借助人工智能技术，企业可以打造客服机器人，实现 24 小时在线解决用户提出的问题，如图 1-21 所示。

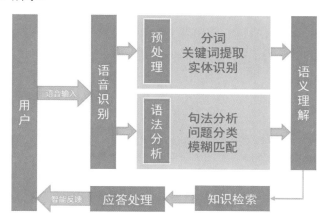

▲ 图 1-21　智能客服机器人

智能客服机器人涉及机器学习、大数据、自然语言处理、语义分析和理解等多项人工智能技术。其主要功能是能够自动回复顾客咨询的问题，对顾客发送的文本、图片、语音进行识别，能够对简单的语音指令进行响应。智能客服机器人可以有效减少人工成本的投入，提升对客户的服务质量，优化用户体验以及最大限度地挽留夜间访客流量，同时也可以替代人工客服回复重复性问题。据相关资料显示，目前超过 80% 的零售业与顾客互动都是由人工智能来完成的。

任务三　智慧医疗案例体验

从技术角度分析，智慧医疗的概念框架包括基础环境体系、基础数据库群、软件基础平台及数据交换平台、综合运用及其服务体系和保障体系五个方面。智慧医疗体系架构如图 1-22 所示。

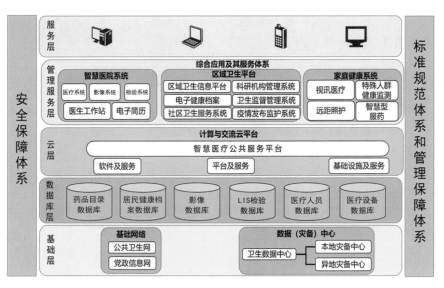

▲ 图 1-22　智慧医疗体系架构

(1) 基础环境体系：包括基础网络和数据 (灾备) 中心两部分。基础网络通过建设公共卫生专网，实现与政府信息网的互联互通；数据 (灾备) 中心负责为卫生基础数据和各种应用系统提供安全保障。

(2) 基础数据库群：包括药品目录数据库、居民健康档案数据库、PACS 影像数据库、LIS 检验数据库、医疗人员数据库、医疗设备数据库等卫生领域六大基础数据库。

(3) 软件基础平台及数据交换平台：提供三个层面的服务。首先是基础设施及服务，提供虚拟优化服务器、存储服务器及网络资源；其次是平台及服务，提供优化的中间件，包括应用服务器、数据库服务器、门户服务器等；最后是软件及服务，包括应用、流程和信息服务。

(4) 综合应用及其服务体系：包括智慧医院系统、区域卫生平台和家庭健康系统三大类综合应用。

(5) 保障体系：包括安全保障体系、标准规范体系和管理保障体系三个方面。从技术安全，运行安全和管理安全三方面构建安全防范体系，切实保护基础平台及各个应用系统的可用性、机密性、完整性、抗抵赖性、可审计性和可控性。

1. 病理图像识别，帮助医生高效阅片

2019 年底，一场突如其来的新冠肺炎疫情肆虐湖北武汉，并蔓延华夏大地。由于胸部 CT 影像能直接反映患者的肺部病变情况，不但疑似病例要做 CT 检查，而且治疗期的患者平均 5 天也要做一次 CT 检查，这使得抗疫前线影像科医生的工作量巨大。一次胸部 CT 检查往往能产生 300 张左右的影像，医生只靠肉眼阅片将耗费 5 ～ 15 min。

很快，腾讯公司官方宣布，搭载最新"腾讯觅影"AI 的应急专用 CT 装备奔赴湖北。这套"腾讯觅影"AI 辅助诊断新冠肺炎的解决方案 (如图 1-23 所示) 最快在患者 CT 检查后的 2 s 内就能完成 AI 模式识别，快速检出和判别疑似新冠肺炎，

并自动勾勒病灶，通过自动化的统计和直方图显示，为医生快速挑出需要重点审阅的疑点，使医生在第一时间进行准确的诊断，且诊断效率提高数倍。

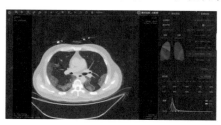

▲ 图 1-23 "腾讯觅影"辅助诊断新冠肺炎

据统计，70% 的临床诊断需要借助专业的医学影像，医生需要根据实际医学影像才能做出更加精准的诊断。常见的医疗影像有 X 光片、超声波、CT(Computed Tomography，电子计算机断层扫描)、核磁共振等。实际医疗影像诊断效率取决于医生的个体水平与经验，单纯依靠医生的阅片很难做到 100% 准确。公开数据显示，中国临床总误诊率为 27.8%，并且通常医生人工阅片需要 30 min 左右，效率较低。随着医疗设备的进步，CT、核磁共振等医疗影像阅读难度也逐渐增加，对医生阅片准确性和实时性提出了更大的挑战。

随着深度学习算法的广泛应用，计算机视觉技术也迅速进入医疗行业。目前，计算机视觉技术已经广泛应用于图像重建、病灶检测、图像分割、图像配准和计算机辅助诊断中。利用计算机视觉进行医疗影像辅助诊断，可以有效提升阅片的精细度和效率，降低误诊率和漏诊率。

2. 健康养老机器人，提高养老服务体验

2012 年，一部关于空巢老人与全能型机器人生活的电影《机器人和弗兰克》引发了人们对智慧养老的思考，影片展现了机器人为人类孤独的老年生活带来很大的改观。

智慧养老是通过将现代科技与养老服务相结合，全面提高养老服务效率和体验的过程。而养老机器人是智慧养老的一个分支，目前没有严格的界定。根据可解决的老年人需求类型进行划分，可以将养老机器人分为三种：康复机器人、护理机器人和陪伴机器人。图 1-24 为养老机器人的分类图。

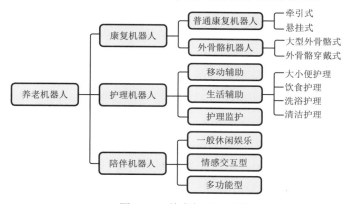

▲ 图 1-24 养老机器人分类

任务四　智慧城市案例体验

　　智慧城市是一个多层次、多领域、多类别的复杂系统。在城市通信基础资源之上，智慧城市体系架构自下而上可分为四层，即感知层、通信层、数据层和应用层，同时包含智慧城市标准规范和安全体系。智慧城市体系架构如图1-25所示。

▲　图1-25　智慧城市体系架构

　　智慧公共安全旨在为市民提供一个安全的居住环境，通过建设点面结合的立体化、网络化的城市安防体系，实现视频整合、智能监控，打造完善的城市智慧安防体系，解决城市公共安全隐患。智慧公共安全的典型应用主要有城市智能安防系统、重点场所及危险源监控系统等。

1. 城市智能安防系统

　　智能视频分析、生物识别(特别是面部识别)和数据智能分析等是城市智能安防系统的关键技术。该系统综合了环境监测、路径监控、周边安全、物品安全和入口控制等多项功能。系统能为决策者提供实时的突发紧急事件信息，根据所汇总的实时信息，提供多种应急方案，并对紧急事件趋势进行分析，适用于城市区域、总体安全防护或城市中某些重点场所的安全防护。系统集高科技前端采集技术和后台智能分析决策软件于一体，具有很强的兼容性和扩展性，能实现从点到线、从点到面的区域联网，最终形成覆盖整个城市的安全防护。

2. 重点场所和危险源监控系统

　　城市重点场所和危险源监控包括对城市工业危险源进行监测，对城市公共场所进行监控，对运钞车、油罐车、化学品车辆等特种车辆实施轨迹记录，对城市公共基础设施进行监控，对城市自然灾害进行监测，对城市道路交通进行监控，对恐怖袭击与破坏及城市突发事件进行预警等。特定的监视场所和事件包括：

(1) 公共场所或区域人群聚集监测。

(2) 公共场所或区域突发事件监测。

(3) 加油站、自助银行等重点区域的监控及破坏性动作自动报警。

(4) 政府部门的周边安全防护，人群聚集、异常闯入预警。

(5) 新冠肺炎高风险区域的辅助监测，提供跨边界记录信息。

图 1-26 为人群聚集及突发事件监测示意图。

▲　图 1-26　人群聚集及突发事件监测示意图

【项目总结】

通过本项目的实践体验，读者了解了智能制造、智能商务、智慧医疗和智慧城市的功能、架构及应用场景等。

【实践报告】

项目实践报告			
项目名称			
姓名		学号	
案例体验过程记录			

```
启发思考




```

创新拓展

弱人工智能到强人工智能之路

　　2017 年 10 月，在沙特阿拉伯首都利雅得举行的"未来投资倡议"大会上，机器人索菲亚 (见图 1-27) 被授予沙特公民身份，她也因此成为全球首个获得公民身份的机器人。2018 年 7 月 10 日，在香港会展中心，全球首个获得公民身份的机器人索菲亚亮相主舞台。

▲ 图 1-27　机器人索菲亚

　　目前，人类已经掌握了弱人工智能 (Artificial Narrow Intelligence，ANI)。弱人工智能只专注于完成某个特别设定的任务，例如语音识别、图像识别和机器翻译，也包括近年来出现的 IBM 的 Watson 和谷歌的 AlphaGo。

人工智能革命是从弱人工智能，经过强人工智能 (Artificial General Intelligence，AGI)，最终到达超人工智能 (Artificial Superintelligence，ASI) 的过程。其实不管什么人工智能，都需要我们好好地控制，期盼将来人工智能能够给我们带来更大的福音，造福整个地球。弱人工智能、强人工智能与超人工智能的区别如图 1-28 所示。

弱人工智能

弱人工智能只专注于完成某个特别设定的任务，例如语音识别、图像识别和机器翻译，也包括近年来出现的 IBM 的 Watson 和谷歌的 AlphaGo。

弱人工智能目标：让电脑看起来会像人脑一样思考。

强人工智能

强人工智能包括了学习、语言、认知、推理、创造和计划，目标是使人工智能在非监督学习情况下处理前所未见的细节，并同时与人类开展交互式学习。

强人工智能目标：会自己思考的电脑。

超人工智能

超人工智能是指通过模拟人类的智慧，人工智能开始具备自主思维意识，形成新的智能群体，能够像人类一样独自地进行思考。

▲ 图 1-28　弱人工智能、强人工智能与超人工智能的区别

随着人工智能的发展，人工智能的伦理原则也备受关注。科幻作家阿西莫夫 20 世纪 40 年代设计了著名的防止机器人失控的"机器人三定律"：

第一定律：机器人不得伤害人类个体，或者目睹人类个体将遭受危险而袖手不管。

第二定律：机器人必须服从人给予它的命令，当该命令与第一定律冲突时例外。

第三定律：机器人在不违反第一、第二定律的情况下要尽可能保护自己的生存。

业界早已认识到机器人三定律的局限性，联合国教科文组织总干事阿祖莱在 2019 年 3 月初举行的"推动人性化人工智能全球会议"上表示，目前还没有适用于所有人工智能开发和应用的国际伦理规范框架，并呼吁"必须确保人工智能以人为本的发展方向"。

综合测评

参考答案

一、能力测评

1. [单选题](　　) 年首次提出"人工智能"(Artificial Intelligence，AI) 这一概念，标志着人工智能学科的诞生。

A. 1956　　　　B. 1978　　　　C. 1950　　　　D. 1990

2. [单选题](　　) 是商务智能产生的驱动力。

A. 将企业内部的数据转换为利润

B. 智能商务可帮助企业搜集信息

C. 智能商务可将数据转换为信息，将信息转换为知识，进而支持企业进行决策

D. 智能商务也制订企业决策

3. [多选题] 人工智能是研究、开发能够模拟、延伸和扩展人类智能的理论、方法、技术及应用系统的一门新的技术科学，其研究的主要目的包括（　　）。

A. 促使智能机器会听（语音识别、机器翻译等）、会看（图像识别、文字识别等）

B. 促使智能机器会说（语音合成、人机对话等）、会思考（人机对弈、定理证明等）

C. 促使智能机器会学习（机器学习、知识表示等）

D. 促使智能机器会行动（机器人、自动驾驶汽车等）

4. [多选题] 智能制造是基于（　　）技术。

A. 人工智能　　　B. 大数据　　　C. 云计算　　　D. 物联网与移动通信

5. [填空题] 从技术角度分析，智慧医疗的概念框架包括基础环境体系、_____、软件基础平台及数据交换平台、_____和保障体系五个方面。

6. [思考题] 查阅相关资料，阐述以下问题：人工智能在本专业有哪些应用？本专业对应的岗位在 AI 时代会被其取代吗？你打算如何应对这些变化？

二、素质测评

你觉得现在的家居用品还有哪些可以智能化，如何设计和实现呢？试设计解决方案，将你的方案用合适的方式（文字、图表、视频等）表达出来。

◀ 项目2　处理 AI 燃料——数据 ▶

—————————————— 教学导读 ——————————————

【教学导图】

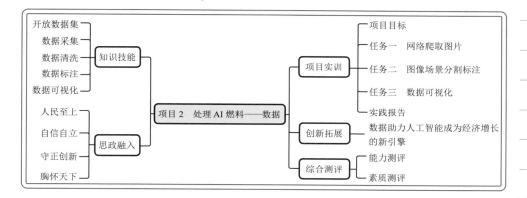

【教学目标】

知识目标	了解开放数据集、数据采集和数据清洗的相关知识 了解数据标注的概念、开源工具和分类 了解数据可视化的概念和应用场景
技能目标	体验百度贴吧图片爬取、利用 Labelme 图像标注、常见数据的可视化
素质目标	了解我国坚持人民至上、生命至上的防疫政策，激发胸怀天下、科技强国的爱国主义精神
重点难点	爬虫数据采集

【思政融入】

思政线	思政点	教学示范
人民至上 自信自立 守正创新 胸怀天下	制度自信	在创新拓展中应用 AI 助力复工复产健康码的应用案例，分析疫情防控大数据，了解我国坚持人民至上、生命至上的防疫政策，引出社会主义制度的优越性，坚定社会主义理想信念，激发爱国主义情怀
	科技强国 科技报国	在素质测评中了解中国大数据市场发展迅速，引出深入掌握数据分析方法和技能是获取数据价值、提高大数据服务的关键所在，学习并提升数据服务的能力，激发科技强国意识
	开源精神 合作共赢	在开放数据集中，普及开源对于科技型中小微企业成长的重要意义，介绍国内开源数据集，为全球开源生态贡献重要力量

数据是人工智能的"燃料"。AI迅速爆发的背后究竟靠的是什么？如今，众多巨头企业、初创公司等纷纷入局人工智能领域，都在尝试寻找全新突破口。业内曾流传着这样一句话：得"数据"者，得"人工智能"，而能将"人工智能"玩得转的，便能称得上是撬动世界第四次工业革命的先锋了。

从发展意义来看，人工智能在不断地进步，并且随着这种进步势必会改变一大批产业的形态。此外，从另一方面看，人工智能技术的背后有三大支柱：算法、算力和数据，这三者相辅相成、相互制约，但其中数据是核心，只要有了大量优质精准的数据，再加上算法实现高效的机器运算以及算力的推动，AI才能越走越远。

首先，数据是最基本的燃料，没有燃料，AI这艘火箭是不可能直冲云霄，而商业落地更是遥不可及的梦。从自动驾驶到AI聊天、服务机器人，从人脸识别到各类AI边缘落地化产品，数据是真正的"幕后英雄"，正所谓无"数据"不"AI"。

其次，要想经算法训练后获得的模型更加智能，仅有"数据"是远远不够的，这背后更多的是对数据"高质、精准、安全"的要求。在训练的过程中，高质精准的数据扮演着"教科书"级别的重要角色。例如仅需要识别勺子，但在训练数据中，勺子总和碗、筷子一起出现，那么AI系统可能会误入歧途，进入一种"瞎猜"的状态而产生混乱和误差，结果很可能会将碗或筷子识别成勺子。所以对于人工智能来说，虽然大量的训练数据固然很重要，但更重要的是数据的"高质精准"。

你可以搜索一些材料，更加充分了解高质量AI数据对人工智能及数字经济发展的重要性。

随着人工智能发展至商业落地前夕，算法模型对高质量、高精度数据的需求极速提升，以往的通用数据集越来越不能满足AI企业的数据需求，人工智能落地越来越专注于小场景和专业领域。人工智能不再是漂浮在"空中的楼阁"，基于AI实际应用场景的数据服务，已成为人工智能落地的核心地基。

人工智能的发展离不开数据的支撑，更离不开AI数据做"燃料"。如果非要用一句话来定义这个时代"人工智能"和"数据"的关系，可以说是：数据是人工智能的核心要义，而"高质精准、独立安全"的数据，则是撬动世界第四次工业革命（人工智能浪潮）的关键所在。

⚙ 2.1　开放数据集

开放数据集

为成功推出人工智能项目，许多公司正在转向采用外部数据集。当今时代，寻找数据集比以往任何时候都要容易，数据集对机器学习模型的性能也日益重要。互联网上有很多高质量的现成数据集，其涵盖主题广泛，从稀有青蛙的图像到笔迹样本，应有尽有。无论你的人工智能项目是什么，都可以找到相关的数据集作为起点。表 2-1 为网络上常用的数据集存储库，可帮助人工智能研究和产品研发人员方便快速地找到合适的高质量数据集。

表 2-1 网络上常用的数据集存储库

分类	数据集	数据集描述
图像	ImageNet	ImageNet 是根据 WordNet 层次结构（目前仅是名词）组织的图像数据集，其中层次结构的每个节点都由成千上万个图像表示
	CT Medical Images	设计为允许测试不同方法，以检查与使用对比度和患者年龄相关的 CT 图像数据趋势，其数据由癌症成像档案库中的一小部分图像组成
	Flickr-Faces-HQ	Flickr-Faces-HQ(FFHQ) 是高质量的人脸图像数据集，最初创建为生成对抗网络 (GAN) 的基准
	ObjectNet	一种新的视觉数据集，它借鉴了其他科学领域的控制思想
	Animal Faces-HQ Datasets(AFHQ)	动物脸的数据集，由 15 000 张高质量图像 (512×512 分辨率) 组成
自然语言处理	NLP-Datasets	用于自然语言处理 (NLP) 的具有文本数据的自由 / 公共领域数据集的字母顺序列表
	1 trillion n-grams	语言数据联盟，预期该数据可用于统计语言建模，例如，用于机器翻译或语音识别以及其他用途
	LitBank	LitBank 是带注释的数据集，包含 100 篇英语小说作品，以支持自然语言处理和计算人文科学方面的任务
	Google Books Ngram	这是一种在线搜索引擎，它使用 1500 到 2019 年间在 Google 文本语料库中以英语、中文、法语、德语、希伯来语打印的来源中发现的 n-gram 的年度计数来绘制任何一组搜索字符串的频率
情绪分析	Reviews	亚马逊评论、Yelp 评论、电影评论、美食评论、Twitter、航空公司等
	Stanford Sentiment Treebank	该数据集包含来自 Rotten Tomatoes HTML 文件的 10 000 多个 Stanford 数据
	Lexicoder Sentiment Dictionary	对几乎所有语言的任何类型的文本执行简单的演绎内容分析
	Conversational Datasets	会话数据集，用于会话响应选择的大型数据集的集合
语音	Audioset	大型数据集，包括 632 个音频事件类的扩展本体以及从 YouTube 视频中提取的 2 084 320 个人为标记的 10 秒声音剪辑的集合

续表

分类	数据集	数据集描述
金融与经济	Kaggle Finance Datasets	财务数据集涉及金钱和投资
	CFPB Credit Card History	每月开设的新信用卡的数量和总信用限额
	Student Loan Debt	学生贷款债务摘要数据的集合，包括按年龄、金额和债务类型划分的债务余额
科学研究	Re3Data	超过 2 000 个研究数据存储库，Re3Data 已成为全球研究数据基础架构最全面的参考来源
	ELVIRA Biomedical Data	ELVIRA 生物医学数据存储库是生物医学领域中的高维数据集，它着重于期刊出版的数据 (自然、科学等)
	Merck Molecular Health Activity Challenge	旨在通过模拟分子组合如何相互作用来促进对药物发现的机器学习追求的数据集
提供数据集的 Python 库	TensorFlow Datasets	即用型数据集的集合，TensorFlow 数据集是可以与 TensorFlow 或其他 Python ML 框架 (例如 Jax) 一起使用的数据集的集合。所有数据集都公开为 tf.data.Datasets，从而启用易于使用的高性能输入管道
提供数据集的 Python 库	Sklearn	机器学习软件包，该软件包还具有帮助者获取大型数据集的功能，这些数据集通常被机器学习社区用来对来自 "现实世界" 的数据的算法进行基准测试
	Nltk	自然语言工具包，自然语言处理通常使用大量的语言数据或语料库
	Statsmodel	统计模型包。提供用于示例，教程，模型测试等的数据集 (即数据和元数据)
	Seaborn	数据可视化软件包，可以从在线存储库中加载示例数据集

　　网上有很多可以用于机器学习或是深度学习算法验证的数据集，这里仅列出个人进行人工智能学习和研究工作涉及的常用数据集。

1. MNIST

　　MNIST 数据集来自美国国家标准与技术研究所 (National Institute of Standards and Technology，NIST)，训练集 (Training Set) 由 250 个人的手写数字构成，这些人中的 50% 是高中学生，其余则来自人口普查局 (The Census Bureau) 的工作人员。MNIST 是一个初级的人工智能学习数据集，很多人工智能学习课程都包含了在这个数据集之上的数字识别示例，里面包含 60 000 个训练样本 (图像和标签) 和 10 000 个测试样本。

　　MNIST 的网址为 http://yann.lecun.com/exdb/mnist/。图 2-1 为 MNIST 数据集图片。

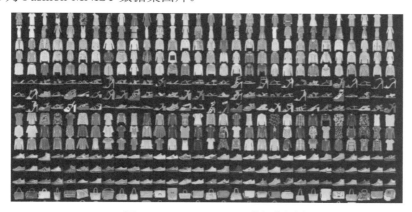

▲ 图 2-1 MNIST 数据集图片

2. Fashion-MNIST

Fashion-MNIST 是一个类似 MNIST 的训练和测试数据集，它由德国时尚科技公司 Zalando 提供，包含 10 个类别的 70 000 张与服装相关的图片，如 T 恤、外套、鞋子等，其中 60 000 张为训练图片和标签，10 000 张为测试图片和标签。Fashion-MNIST 数据集的对象内容更为复杂，在识别难度上较 MNIST 更大。Fashion-MNIST 也是一个常用于深度学习教学的数据集，同 MNIST 一样，在有些深度学习框架 (如 Tensorflow) 中集成了数据集的导入。

Fashion-MNIST 的网址为 https://github.com/zalandoresearch/fashion-mnist。图 2-2 为 Fashion-MNIST 数据集图片。

善 学 勤 思
试搜索一些自然语言处理的常用数据集。

▲ 图 2-2 Fashion-MNIST 数据集图片

3. CIFAR-10，CIFAR-100

CIFAR-10 是由 Hinton 的学生 Alex Krizhevsky 和 Ilya Sutskever 整理的一个用于普适物体识别的数据集。一共包含了 10 个类别的 RGB 彩色图片，如飞机、汽车、鸟类、猫、狗等。每个图片的尺寸为 32×32 像素，每个类别有 6000 个图片，数据集中一共有 50 000 张训练图片和 10 000 张测试图片。其网址为 http://www.cs.toronto.edu/~kriz/cifar.html。图 2-3 为 CIFAR-10 数据集图片。

▲ 图 2-3　CIFAR-10 数据集图片

CIFAR-10 也是一个初级的人工智能学习数据集,很多人工智能学习教程都包含了在这个数据集上的图像识别示例。CIFAR-100 是类似 CIFAR-10 的一个数据集,其中包含了 100 个类别的图像,每个类别包含 600 张图片,其中 500 张为训练图片,100 张为测试图片。整个数据集共有 60 000 张图片,其中包含 50 000 张训练图片和 10 000 张测试图片。

4. Microsoft COCO

Microsoft COCO(Common Objects in Context) 是微软研发维护的一个丰富大型的目标识别数据集。该数据集包含了各种生活场景中的通用对象,共有 91 类目标,328 000 个影像和 2 500 000 个标签。可以用来做目标分割、场景感知、目标识别等算法研究。其网址:https://cocodataset.org/。图 2-4 为 Microsoft COCO 数据集图片。

▲ 图 2-4　Microsoft COCO 数据集图片

5. ImageNet

ImageNet 是基于 WordNet 层次结构组织的图像数据集。WordNet 包含约 100 000 个短语,ImageNet 平均提供了约 1000 个图像来说明每个短语。其大小:约 150 GB 数量:图像总数约为 1 500 000 个;每个都有多个边界框和相应的类标签。图 2-5 为 ImageNet 数据集图片。

▲ 图 2-5　ImageNet 数据集图片

——数据采集与清洗——

2.2　数据采集

在这个信息爆炸的年代，互联网上积累了大量数据，这些数据集中在一起形成了大数据。随着人工智能大数据时代的来临，网络爬虫在互联网中的应用将越来越重要。对实时大数据进行分析，对于任何主体来说，它的价值都不言而喻，特别是中小微公司无法通过自身产生大量的数据，如果能够合理利用爬虫来爬取有价值的数据，就可以弥补自身的先天数据短板。互联网数据是海量的，通过爬虫爬取有价值的数据首先要解决的就是数据采集问题，有效甚至高效、自动地采集数据是最基础的工作，也是最重要的工作。

数据采集 (Data AcQuisition，DAQ) 又称数据获取，是指从各类数据库、机器设备、传感器等自动采集信息的过程。数据采集的对象在新一代数据体系中将传统数据体系中没有考虑过的新数据源进行了归纳与分类，将其分为线上行为数据与内容数据两大类。

(1) 线上行为数据：页面数据、交互数据、表单数据、会话数据等。

(2) 内容数据：应用日志、电子文档、机器数据、语音数据、社交媒体数据等。

数据的一个重要特点就是数据源多样化，包括数据库、文本、图片、视频、网页等各类结构化、非结构化及半结构化数据。数据仓库技术 (Extract-Transform-Load，ETL) 是数据从数据来源端经过提取 (Extract)、转换 (Transform)、加载 (Load) 到目的端，然后进行处理分析的过程。用户从数据源提取所需的数据，经过数据清洗，按照预先定义好的数据模型将数据加载到数据仓库中去，最后对数据仓库中的数据进行分析和处理。大数据的数据采集是在确定用户目标的基础上，以传感器数据、社交网络数据、移动互联网数据等方式，针对该范围内的所有结构化、半结构化和非结构化的数据进行采集。当前，大数据采集方式可分为系统日志采集、网络数据采集和数据库采集三类，如图 2-6 所示。

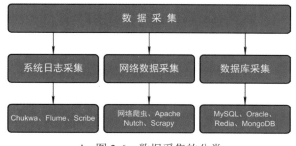

▲ 图 2-6　数据采集的分类

2.3　数据清洗

数据的不断剧增是大数据时代的显著特征，数据必须经过清洗、分析、建模、可视化才能体现其潜在的价值。然而，在众多数据中总是存在着许多"脏数据",即不完整、不规范、不准确的数据。因此,数据清洗就是指把"脏数据"彻底洗掉,包括检查数据一致性,处理无效值和缺失值等,从而提高数据质量。例如,在人工智能数据处理的实际开发工作中,数据清洗通常占开发过程总时间的 50% ～ 70%。

数据清洗的原理为:利用有关技术(如统计方法、数据挖掘方法、模式规则方法等)将"脏数据"转换为满足数据质量要求的数据。数据清洗按照实现方式与范围,可分为手工清洗和自动清洗。

1. 手工清洗

手工清洗是通过人工对录入的数据进行检查。这种方法较为简单,只要投入足够的人力、物力和财力,就能发现所有错误,但效率低下。在数据量较大的情况下,手工清洗数据的操作几乎是不可能的。

2. 自动清洗

自动清洗是由机器进行相应的数据清洗。这种方法能解决某个特定的问题,但不够灵活,特别是在清洗过程需要反复进行(一般来说,数据清洗一遍就达到要求的很少)时,导致程序复杂,清洗过程变化时工作量大,而且这种方法也没有充分利用目前数据库提供的强大数据处理能力。

此外,随着数据挖掘技术的不断提升,在自动清洗中常常使用清洗算法与清洗规则。清洗算法与清洗规则是根据相关的业务知识,应用相应的技术,如统计学、数据挖掘的方法来分析出数据源中数据的特点,并且进行相应的数据清洗。常见的清洗方式主要有两种:一种是发掘数据中存在的模式,然后利用这些模式清理数据;另一种是基于数据的清洗模式,即根据预定义的清理规则,查找不匹配的记录,并清洗这些记录。值得注意的是,数据清洗规则已经在工业界被广泛利用,常见的数据清洗规则有编辑规则、修复规则、Sherlock 规则和探测规则等。数据清洗的总体流程图如图 2-7 所示。

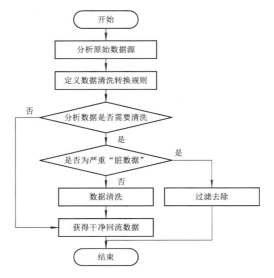

▲ 图 2-7 数据清洗的总体流程图

从图 2-7 中可以看出，在数据清洗中，原始数据源是数据清洗的基础，数据分析是数据清洗的前提，而定义数据清洗转换规则是关键。在大数据清洗中，具体的数据清洗规则主要有非空检核、主键重复、非法代码清洗、非法值清洗、数据格式检核和记录数检核等。

(1) 非空检核：要求字段为非空的情况下，对该字段数据进行校核，如果为空，需要进行相应处理。

(2) 主键重复：多个业务系统中同类数据经过清洗后，在统一保存时，为保证主键唯一性，需要进行检核工作。

(3) 非法代码清洗和非法值清洗：非法代码问题包括非法代码、代码与数据标准不一致等，非法值问题包括取值错误、格式错误、多余字符、乱码等，需要根据具体情况进行校核与修正。

(4) 数据格式检核：通过检查表中属性值的格式是否正确来衡量其准确性，如时间格式、币种格式、多余字符、乱码等。

(5) 记录数检核：各个系统相关数据之间的数据总数检核或数据表中每日数据量的波动检核。

值得注意的是，目前机器学习和众包技术的发展为数据清洗的研究工作注入了新的活力。机器学习技术可以从用户记录中学习制定清洗决策的规律，从而减轻用户标注数据的负担。同时，从清洗规则到机器学习模型的转换使用户不再需要制定大量的数据清洗规则。众包技术则把数据清洗任务发布到互联网，集中众多用户的知识和决策，从而通过众包的形式充分利用外部资源优势，在降低清洗代价的同时，提高数据清洗的准确度和效率。

⚙ 2.4　数据标注

数据标注

2007 年，斯坦福大学教授李飞飞等人开始启动 ImageNet 项目，该项目主要借助亚马逊的劳务众包平台 Mechanical Turk 来完成图片的分类和标注，以便为机器学习算法提供更好的数据集。截至 2010 年，已有来自 167 个国家的 4 万多名工作者提供了 14 197 122 张标记过的图片，共分成 21 841 种类别。从 2010 年到 2017 年，ImageNet 项目每年举办一次大规模的计算机视觉识别挑战赛，各参赛团队通过编写算法来正确分类、检测和定位物体及场景。ImageNet 项目的成功，改变了人工智能领域中大众的认知，即数据是人工智能研究的核心，数据比算法重要得多。从此，数据标注拉开了序幕。数据标注是对未处理的初级数据，包括语音、图片、文本、视频等进行加工处理，并转换为机器可识别信息的过程。原始数据一般通过数据采集获得，随后的数据标注相当于对数据进行加工，然后输送到人工智能算法和模型里完成调用。数据标注产业主要是根据用户或企业的需求，对图像、声音、文字等对象进行不同方式的标注，从而为人工智能算法提供大量的训练数据以供机器学习使用。

善学勤思

你知道哪些商用数据标注平台？试列举几个。

1. 数据标注的应用场景

数据标注产业的发展，促进了人工智能的蓬勃兴起，其主要的应用行业和不同行业的标注场景总结如下：

(1) 自动驾驶：利用标注数据来训练自动驾驶模型，使其能够感知周围的环境并在很少或没有人为输入的情况下移动。自动驾驶中的数据标注涉及行人识别、车辆识别、红绿灯识别、道路识别等内容，可以为相关企业提供精确的训练数据，为智能交通保驾护航。

(2) 智能安防：数据标注扩大了现有安防系统的感知范围，通过融合各种来源的数据并进行协同分析，提高监控和报警的准确性，其对应的标注场景有面部识别、人脸探测、视觉搜索、人脸关键信息点提取以及车牌识别等。

(3) 智慧医疗：人工智能和大数据分析技术应用于医疗行业，可以深入洞察医学知识和数据，帮助医生和患者解决在医学影像、新药研发、肿瘤与基因、健康管理等领域所面临的影像识别困难、药物研发成本巨大、癌症治疗效果不佳等难题，其涉及的场景有手术工具标识、处方识别、医疗影像标注、语音标注等。

(4) 工业 4.0：利用标注数据训练和验证机器人应用程序的计算机视觉模型，从而使模型对工业环境内的各类障碍物、机械设备和机器人有更加精确的感知，实现工业智能机器与所处环境中人和物的安全交互，其对应的场景有机械手臂导航、仓储码垛、自动分拣或抓取、自动焊接等。

(5) 新零售：将人工智能和机器学习应用于新零售行业，可以通过商品销售数据以及用户的真实反馈促进电子商务的销售，提高用户的个性化体验以及预测客户需求，并实现线上货物推荐的精准化新零售中涉及的标注场景包括超市货架识别、无人超市系统和电子商务智能搜索与推荐等。

(6) 智慧农业：依托精准的数据标注实现对农作物的定位以及对其成熟度和生长状态的识别，实现农作物智能采摘并解决精准农药撒播问题，从而减少人力消耗并提高农药利用率。目前，智慧农业中有关数据标注的场景有栽培管理、精准水肥和安全监测等。

2. 数据标注的分类方法

表 2-2 详细比较了不同数据标注分类方法的概念和优缺点。

表 2-2　数据标注分类

分类方式	分类方法	概　念	优　点	缺　点
标注对象	图像标注	图像标注和视频标注统称为图像标注	使人脸识别和自动驾驶等技术得到发展和完善	相对复杂，耗时
	语音标注	需要人工将语音内容转录为文本内容，然后通过算法模型识别转录后的文本内容	帮助人工智能领域中的语音识别功能更加完善	算法无法直接理解语音内容，需要进行文本转录
	文本标注	与音频标注有些相似，都需要通过人工识别转录成文本形式	减少了文本识别行业和领域的人工工作量	人工识别过程繁杂

续表

分类方式	分类方法	概　念	优　点	缺　点
标注的构成形式	结构化标注	数据标签必须在规定的标签候选集合内，标注者通过将标注对象与标签候选集合进行匹配，选出最合理的标签值作为标注结果	标签候选集将标注类别描述得很清晰，便于标注者选择；标签是结构化的，利于存储和后期的统计查找	遇到具有二义性标签时往往会影响最终的标注结果
	非结构化标注	标注者在规定约束内，自由组织关键字对标注对象进行描述	给标注者足够的自由，可以清楚地表达自己的观点	遇到具有二义性标签时往往会影响最终的标注结果给数据存储和使用带来困难，不利于统计分析
	半结构化标注	标签值是结构化标注，而标签域是非结构化标注	标注灵活性强，便于统计查找	对标注者的要求高，工作量高，耗时
标注者类型	人工标注	雇用经过培训的标注员进行标注	标注质量高	标注成本高，时间长，效率低
	机器标注	标注者通常是智能算法	标注速度快，成本相对较低	算法对涉及高层语义的对象识别和提取效果不好

3. 数据标注的任务

常见的数据标注任务包括分类标注、标框标注、区域标注、描点标注和其他标注等，下面介绍各任务的具体内容。

1) 分类标注

分类标注是从给定的标签集中选择合适的标签分配给被标注的对象。通常，一张图可以有很多分类或标签，如运动、读书、购物、旅行等。对于文字，可以标注出主语、谓语、宾语，又可以标注出名词和动词等。此项任务适用于文本、图像、语音、视频等不同的标注对象。本文以图像的分类标注为例进行说明，如图2-8显示了一张公园的风景图，标注者需要对树木、猴子、围栏等不同对象加以区分和识别。

2) 标框标注

标框标注就是从图像中选出要检测的对象，此方法仅适用于图像标注。标框标注可细分为多边形拉框和四边形拉框两种形式。多边形拉框是将被标注元素的轮廓以多边形的方式勾勒出来，不同的被标注元素有不同的轮廓，除了同样需要添加单级或多级标签以外，多边形标注还有可能会涉及物体遮挡的逻辑关系，从而实现细线条的种类识别。四边形拉框主要是用特定软件对图像中需要处理的元素（比如人、车、动物等）进行一个拉框处理，同时，用1个或多个独立的标签来代表1个或多个需要处理的元素。例如，图2-9对帽子进行了多边形拉框标注，图2-10则对天鹅进行了四边形拉框标注。

▲ 图 2-8　分类标注

▲ 图 2-9　多边形拉框标注

3) 区域标注

与标框标注相比，区域标注的要求更加精确，而且边缘可以是柔性的，并仅限于图像标注，其主要的应用场景包括自动驾驶中的道路识别和地图识别等。例如区域标注的任务是在地图上用曲线将城市中不同行政区域的轮廓形式勾勒出来，并用不同的颜色 (浅蓝、浅棕、紫色和粉色) 加以区分。

4) 描点标注

描点标注是指将需要标注的元素 (比如人脸、肢体) 按照需求位置进行点位标识，从而实现特定部位关键点的识别。例如，图 2-11 采用描点标注的方法对图示人物的骨骼关节进行了描点标识。人脸识别、骨骼识别等技术中的标注方法与人物骨骼关节点的标注方法相同。

5) 其他标注

数据标注的任务除了上述 4 种以外，还有很多个性化的标注任务。例如，自动摘要就是从新闻事件或者文章中提取出最关键的信息，用更加精练的语言写成摘要。自动摘要与分类标注类似，但两者存在一定差异。常见的分类标注有比较明确的界定，比如在对给定图片中的人物、风景和物体进行分类标注时，标注者一般不会产生歧义，而自动摘要需要先对文章的主要观点进行标注。相对于分类标注来说，在标注的客观性和准确性上都没有那么严格，所以自动摘要不属于分类标注。

▲ 图 2-10　四边形拉框标注

▲ 图 2-11　描点标注

4. 常用标注数据集

标注数据集可分为图像、视频、文本和语音标注数据集四大类，表 2-3 描述了这些数据集的来源、用途和特性。

表 2-3　常用标注数据集一览表

类 别	数据集名称	用 途	大 小	开 放
图像标注数据集	ImageNet	图像分类、定位、检测	约 1 TB	是
	COCO	图像识别、分割和图像语义	约 40 GB	是
	PASCAL VOC	图像分类、定位、检测	约 2 GB	是
	Open Image	图像分类、定位、检测	约 1.5 GB	是
	Flickr30k	图片描述	30 MB	是
视频标注数据集	Youtube-8M	理解和识别视频内容	1 PB	受限
	Kinetics	动作理解和识别	约 1.5 TB	是
	AVA	人类动作识别	—	是
	UCF101	视频分类、动作识别	6.5 GB	是
文本标注数据集	Yelp	文本情感分析	约 2.66 GB	是
	IMDB	文本情感分析	80.2 MB	是
	Multi-Domain Sentiment	文本情感分析	52 MB	是
	Sentiment 140	文本情感分析	80 MB	是
语音标注数据集	LibriSpeech	训练声学模型	约 60 GB	是
	AudioSet	声学事件检测	80 MB	是
	FMA	语言识别	约 1000 GB	是
	VoxCeleb	语音识别、情绪识别	150 MB	是

5. 开源的数据标注工具

表 2-4 给出了部分开源的数据标注工具。

表 2-4　部分开源的数据标注工具

名 称	简 介	运行平台	标注形式	导出数据格式
Labelimg	图像标注工具	Windows，Linux，Mac	矩形	XML 格式
Labelme	图形界面标注工具，能够标注图像和视频	Windows，Linux，Mac	多边形、矩形、圆形、多段线、线段、点	VOC 和 COCO 格式
RectLabel	图像标注	Mac	多边形、矩形、多段线线段、点	YOLO、KITTI、COCO 和 CSV 格式

续表

名　称	简　介	运行平台	标注形式	导出数据格式
VOTT	微软发布的基于 Web 方式本地部署的标注工具,能够标注图像和视频	Windows, Linux, Mac	多边形、矩形、点	TFRecord、CSV 和 VOTT 格式
Labelbox	适用于大型项目的标注工具,基于 Web 方式,能够标注图像、视频和文本	—	多边形、矩形、线、点、嵌套分类	JSON 格式
VIA	VGG(Visual Geometry Group) 的图像标注工具,也支持视频和音频标注	—	矩形、圆、椭圆、多边形、点和线	JSON 格式
COCO UI	用于标注 COCO 数据集的工具,基于 Web 方式	—	矩形、多边形、点和线	COCO 格式
Vatic	Vatic 是一个带有目标跟踪的视频标注工具,适合目标检测任务	Linux	—	VOC 格式
BRAT	基于 Web 的文本标注工具,主要用于对文本的结构化标注	Linux	—	ANN 格式
DeepDive	处理非结构化文本的标注工具	Linux	—	NLP 格式
Praat	语音标注工具	Windows, Unix, Linux, Mac	—	JSON 格式
精灵标注助手	多功能标注工具	Windows, Linux, Mac	矩形、多边形和曲线	XML 格式

善 学 勤 思

试搜索一些材料,更加充分了解高质量 AI 数据对人工智能及数字经济发展的重要性。

⚙ 2.5　数据可视化

1. 数据可视化的概念

可视化是把数值或非数值类型的数据转化为可视的表示形式,并获得对数据更深层次认识的过程。可视化将复杂的信息以图像的形式呈现出来,让这些信息更容易、快速地被人理解。因此,它也是一种放大人类感知的图形化表示方法。

可视化充分利用计算机图形学、图像处理、用户界面、人机交互等技术,以人们惯于接受的表格、图形、图像等形式,并辅以信息处理技术。例如,数据挖掘、机器学习等将复杂的客观事物进行图形化展现,使其便于人们的记忆

善 学 勤 思

数据可视化都有哪些常用工具?

和理解。可视化为人类与计算机这两个信息处理系统之间提供了一个接口，对于信息的处理和表达方式有其独有的优势，其特点可总结为可视性、交互性和多维性。

数据可视化的目的其实就是通过处理之后人们可以更加方便地分析了解数据。例如，人们需要花费很长时间才能整理好的数据，转换成为人们一眼就能看懂的标识，通过各种运算和公式计算得出的几组数据之间不同，在图表中通过颜色的不同、长度的大小就可以非常直观地了解到他们之间的差异。简单来说就是将数据以最简单的图表或者图像的方式展现给使用者数据和数据可视化的概念。

最近几年来，以人工智能为代表的热潮促进了大数据环境下人工智能的发展，使得数据的使用趋向于平民化。这也使得了数据可视化与机器学习的相关理论进行进一步的交互融合。数据可视化领域以及机器学习的主要关注点在于将数据可视化的相关方法应用于解释机器学习的原理之上，以此来实现可理解与解释的机器学习方法。但是，到目前为止还没有见到将机器学习的相关方法用于提升数据可视化效率方面的相关报道。所以，要学习一种新思路也就是将智能科学与数据可视化相互交融，即融合数据分析与挖掘、系统开发、机器学习等相关理论和方法，完善任务的可视化表达与数据可视化，以此来增加数据可视化相互交互的效率。数据可视化表达与特征表达的交互融合，可以高效地利用机器计算以及机器学习在人工智能中学习的能力，提升数据可视化分析的效率。

2. 数据可视化的分类

数据可视化的处理对象是数据。自然地，数据可视化包含处理科学数据的科学可视化与处理抽象的、非结构化信息的信息可视化两个分支。广义上，面向科学和工程领域的科学可视化研究带有空间坐标和几何信息的三维空间测量数据、计算模拟数据和医学影像数据等，重点探索如何有效地呈现数据中几何、拓扑和形状特征。信息可视化的处理对象则是非结构化、非几何的抽象数据，如金融交易、社交网络和文本数据，其核心挑战是如何针对大尺度高维数据减少视觉混淆对有用信息的干扰。另一方面，由于数据分析的重要性，将可视化与分析结合，形成一个新的学科：可视分析学。科学可视化、信息可视化和可视分析学三个学科方向通常被看成可视化的三个主要分支。

1) 科学可视化 (Scientific Visualization)

科学可视化是可视化领域最早、最成熟的一个跨学科研究与应用领域。面向的领域主要是自然科学，如物理、化学、气象气候、航空航天、医学、生物学等各个学科，这些学科通常需要对数据和模型进行解释、操作与处理，旨在寻找其中的模式、特点、关系以及异常情况。

科学可视化的基础理论与方法已经相对成形。早期的关注点主要在于三维真实世界的物理、化学现象，因此数据通常表达在三维或二维空间，或包含时间维度。鉴于数据的类别可分为标量(密度、温度)、向量(风向、力场)、张量(压力、弥散)等三类，科学可视化也可粗略地分为标量场可视化、向量场可视化和张量场可视化三类。

2) 信息可视化 (Information Visualization)

信息可视化处理的对象是抽象的、非结构化数据集合 (如文本、图表、层次结构、地图、软件、复杂系统等)。传统的信息可视化起源于统计图形学，又与信息图形、视觉设计等现代技术相关。其表现形式通常在二维空间，因此关键问题是在有限的展现空间中以直观的方式传达大量的抽象信息。与科学可视化相比，信息可视化更关注抽象、高维数据。此类数据通常不具有空间中位置的属性，因此要根据特定数据分析的需求，决定数据元素在空间的布局。因为信息可视化的方法与所针对的数据类型紧密相关，所以通常按数据类型可以大致分为时空数据可视化、层次与网络结构数据可视化、文本和跨媒体数据可视化、多变量数据可视化。

3) 可视分析学 (Visual Analytics)

可视分析学被定义为一门以可视交互界面为基础的分析推理科学。它综合了图形学、数据挖掘和人机交互等技术，以可视交互界面为通道，将人的感知和认知能力以可视的方式融入数据处理过程，形成人脑智能和机器智能的优势互补与相互提升，建立螺旋式信息交流与知识提炼途径，完成有效的分析推理和决策。

科学可视化、信息可视化和可视分析三者之间没有清晰边界。科学可视化的研究重点是带有空间坐标和几何信息的医学影像数据、三维空间信息测量数据、流体计算模拟数据等。由于数据的规模通常超过图形硬件的处理能力，所以如何快速地呈现数据中包含的几何、拓扑、形状特征和演化规律是其核心问题。随着图形硬件和可视化算法的迅猛发展，单纯的数据显示已经得到了较好的解决。信息可视化的核心问题主要有高维数据的可视化、数据间各种抽象关系的可视化、用户的敏捷交互和可视化有效性的评断等。可视分析学偏重于从各类数据中综合、意会和推理出知识，其实质是可视地完成机器智能和人脑智能的双向转换，整个探索过程是迭代的、螺旋式上升的过程。

项目实训

【项目目标】

使用 Python 爬取百度贴吧图片，并保存到本地。

任务一　网络爬取图片

网络爬取百度贴吧图片的步骤如下：

(1) 导入爬虫必要的包。实现一个简单的爬虫，爬取百度贴吧图片，代码如下：

```
import requests
import re
```

(2) 定义从 url 获取图片的函数，代码如下：

```
# 根据 url 获取网页 html 内容
def getHtmlContent(url):
page = requests.get(url)
return page.text
# 从 html 中解析出所有 jpg 图片的 url
# 百度贴吧 html 中 jpg 图片的 url 格式为：<img ... src="XXX.jpg" width=...>def getJPGs(html):
# 解析 jpg 图片 url 的正则
    jpgReg = re.compile(r'<img.+?src="(.+?\.jpg)" width')
# 注：这里最后加一个 'width' 是为了提高匹配精确度
# 解析出 jpg 的 url 列表
    jpgs = re.findall(jpgReg,html)
    return jpgs
```

(3) 定义从 url 获取图片的函数，代码如下：

```
# 用图片 url 下载图片并保存成制定文件名
def downloadJPG(imgUrl,fileName):
# 可自动关闭请求和响应的模块
    from contextlib import closing
    with closing(requests.get(imgUrl,stream = True)) as resp:
    with open(fileName, 'wb') as f:
    for chunk in resp.iter_content(128):
        f.write(chunk)
# 批量下载图片，默认保存到当前目录下
def batchDownloadJPGs(imgUrls,path = './ '):
# 用于给图片命名
    count = 1
    for url in imgUrls:
        downloadJPG(url, ''.join([path, '{0}.jpg'.format(count)]))
        print(' 下载完成第 {0} 张图片 '.format(count))
        count = count + 1
# 封装：从百度贴吧网页下载图片
def download(url):
    html = getHtmlContent(url)
    jpgs = getJPGs(html)
    batchDownloadJPGs(jpgs)
```

(4) 定义主函数，代码如下：

```
def main():
    url = 'http://tieba.baidu.com/p/2256306796'
    download(url)
if __name__ == '__main__':
    main()
```

爬虫得到的百度贴吧图片如图 2-12 所示。

▲　图 2-12　爬虫得到的百度贴吧图片

任务二　图像场景分割标注

Labelme 是一个图形界面的图像标注软件。它是用 Python 语言编写的，图形界面使用的是 Qt(PyQt)。其 Python 的源代码在 github 的位置为 https://github.com/wkentaro/labelme。

Labelme 能够进行多种形式的图像数据标注。Labelme 以 JSON 文件存储标注信息，其功能如下：

(1) 对图像进行多边形、矩形、圆形、多段线、线段和点形式的标注 (可用于目标检测、图像分割等任务)。

(2) 对图像进行 flag 形式的标注 (可用于图像分类和任务清理)。

(3) 生成 VOC 格式的数据集。

(4) 生成 COCO 格式的数据集。

(5) 图片 + 标签的自定义数据集。

使用 Labelme 工具进行图像场景分割标注的步骤如下：

(1) Labelme 安装。启动 anaconda3 中的 Anaconda Prompt，代码如下：

```
pip install pyqt5
pip install labelme
```

(2) 启动 Labelme，代码如下：

```
Labelme
```

(3) 启动 Labelme 并打开图片,如图 2-13 所示。

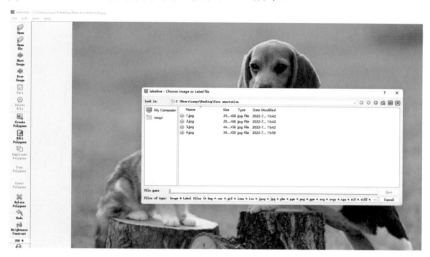

▲ 图 2-13 打开被标注图片

(4) 使用工具标注图片中的猫狗和木头,如图 2-14 所示。

▲ 图 2-14 标注图片

(5) 保存为 JASON 文件,如图 2-15 所示。

▲ 图 2-15 保存为 JASON 文件

任务三　数据可视化

Matplotlib 是 Python 中最常用、最著名的数据可视化模块,该模块的子模块 pyplot 包含大量用于绘制各类图表的函数。

数据可视化任务的实施步骤如下:

(1) 绘制柱形图,代码如下:

```python
import matplotlib.pyplot as plt
plt.rcParams['font.sans-serif'] = ['Microsoft YaHei']
plt.rcParams['axes.unicode_minus'] = False
x = [' 上海 ', ' 成都 ', ' 重庆 ', ' 深圳 ', ' 北京 ', ' 长沙 ', ' 南京 ', ' 青岛 ']
y = [60, 45, 49, 36, 42, 67, 40, 50]
plt.bar(x, y, width = 0.5, color = 'r')
plt.show()
```

运行结果如图 2-16 所示。

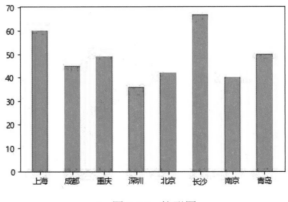

▲ 图 2-16　柱形图

(2) 绘制气泡图,代码如下:

```python
import matplotlib.pyplot as plt
import pandas as pd
plt.rcParams['font.sans-serif'] = ['Microsoft YaHei']
plt.rcParams['axes.unicode_minus'] = False
data = pd.read_excel(' 产品销售统计 .xlsx')
n = data[' 产品名称 ']
x = data[' 销售量 ( 件 )']
y = data[' 销售额 ( 元 )']
z = data[' 毛利率 (%)']
plt.scatter(x, y, s=z * 300, color='r', marker='o')
plt.xlabel(' 销售量 ( 件 )', fontdict={'family': 'Microsoft YaHei', 'color': 'k', 'size': 20}, labelpad=20)
```

善 学 勤 思
你可以找一些数据画折线图和饼图。

```
plt.ylabel(' 销售额 ( 元 )', fontdict={'family': 'Microsoft YaHei', 'color': 'k', 'size': 20}, labelpad=20)
plt.title(' 销售量、销售额与毛利率关系图 ', fontdict={'family': 'Microsoft YaHei', 'color': 'k',
'size': 30}, loc='center')
for a, b, c in zip(x, y, n):
    plt.text(x=a, y=b, s=c, ha='center', va='center', fontsize=15, color='w')
plt.xlim(50, 600)
plt.ylim(2900, 11000)
plt.show()
```

运行结果如图 2-17 所示。

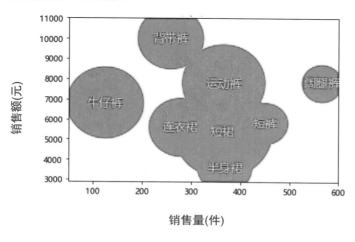

▲ 图 2-17 气泡图

【项目总结】

本项目通过 Requests、Lableme 和 Matplotlib 来体验实践，读者可以了解数据采集、数据标注和数据可视化的一般流程，掌握其基础原理与基本技能。读者完成项目实训后，可以进一步对代码进行模块化整理，尝试将比较独立的功能封装为函数或类的形式。

【实践报告】

项目实践报告			
项目名称			
姓名		学号	
小组名称（适合小组项目）			

实施过程记录

测试结果总结

后期改进思考

成员分工（适合小组项目）			
姓名	职责	完成情况	组长评分

考核评价

评价标准：

1. 执行力：按时完成项目任务。

2. 学习力：知识技能的掌握情况。

3. 表达力：实施报告翔实、条理清晰。

4. 创新力：在完成基本任务之外，有创新、有突破者加分。

5. 协作力：团队分工合理、协作良好，组员得分在项目组得分基础上根据组长评价上下浮动。

创新拓展

数据助力人工智能成为经济增长的新引擎

1. 国家教育部考试院、像素数据："证照家"证件照人像检测平台

"证照家"平台是基于公安部第一研究所承担的国家发改委人工智能创新发展重大工程"高准确度人脸识别系统产业化及应用"项目展开研发而成。平台已成功在 2021 年下半年、2022 年上半年的教资笔试报考中上线应用，累计服务考生超 300 万人。据统计，在报名期间，通过小程序拍摄的照片数量多达500 万张，高峰期每小时上传照片的人数超 10 万人。

平台应用先进的"AI 自动褪底"技术，让考生只需有一部手机就可足不出户享受简捷、高效、经济的证照采集、检测服务。对考试主办方来说，教资小程序内含的"证照 AI 合规性检测"技术，大幅减轻了考试院工作人员的审核工作量，提升了工作效率。

2. 昆山农商银行、博彦科技：大数据管控平台——数据对标解决方案

博彦科技大数据管控平台——数据对标解决方案融合了 BERT(Bidirectional Encoder Representation from Transformers) 的交互式短文本匹配算法、采样—验证混合算法和布隆过滤器算法等多种算法，采用 Hadoop 分布式计算，可以对金融元数据和应用数据进行自动化分析。

昆山农商银行在采用博彦科技大数据管控平台——数据对标解决方案后，建立了一套完备的数据标准体系，通过海量数据进行自动分析，挖掘数据的特征，形成企业级的数据地图，自动梳理各源系统之间的数据关系 (包括主数据识别、主外键识别、数据类型识别等)，使整个数据治理的效率提升了 80%，实施成本整体下降了 50% 以上。

综合测评

参考答案

一、能力测评

1. [单选题] 以下不属于可视化作用的是 (　　)。

A. 传播交流　　　B. 信息记录　　C. 数据采集　　D. 数据分析

2. [单选题] 使用可视化工具 (　　) 不需要编程基础。

A. D3.js　　　　　B. Tableau　　　C. Vega　　　　D. Processing

3. [多选题] 可视分析学涉及的学科包括 (　　)。

A. 计算机图形学　B. 数据挖掘　　C. 人机交互　　D. 统计分析

4. [多选题] 数据标注工具包括 (　　)。

A. LabelImg　　　B. LabelMe　　　C. RectLabel　　D. VOTT

5. [单选题] 下列属于数据采集解决的工具的是 (　　)。

A. ETL 工具　　　B. SVM　　　C. SPARK　　　D. Kmeans

6. [单选题] 在 Python 中需要导入 requests 完成对页面的请求，正确的代码为 (　　)。

A. include requests　　　　　　B. including requests

C. import requests　　　　　　D. importing requests

7. [思考题] 基于疫情高危人群相关数据，结合疫情新增确诊、疑似、死亡、治愈病例数，借助传播动力学模型、动态感染模型、回归模型等大数据分析模型和实践技术，不仅可以分析展示发病热力分布和密切接触者的风险热力分布，还可以进行疫情峰值拐点等大态势研判。利用深度学习等新兴人工智能技术，联合出行轨迹流动信息、社交信息、消费数据、暴露接触史等大量数据进行科学建模，可以根据病患确诊顺序和密切接触人员等信息定位时空碰撞点，进而推算出疾病传播路径，为传染病溯源分析提供理论依据。试通过梳理"数据"助力疫情防控的人工智能结合大数据的应用场景。疫情实时大数据报告如图 2-18 所示。

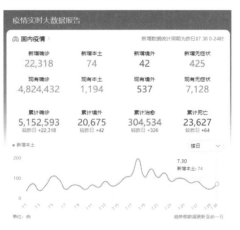

▲　图 2-18　疫情实时大数据报告

二、素质测评

在新型冠状病毒开始蔓延初期，疫情相关的信息剧增，且发布渠道众多。医疗物资短缺的信息尚未有效统计和发布，给物资调度和捐赠带来巨大困难。此时，一群志愿者自发形成了研发团队，利用各自的专业优势，采用众包协作的方式构建了一个个疫情防护有关的信息化开源项目，致力于搭建可靠、高效的信息化渠道，成了疫情防控科技力量中一道亮丽的风景线。根据开源平台 OpenSourceWuhan 统计的 46 个开源项目来看，疫情信息类占到了 37%，新闻纪录类达到了 30%，求助信息类为 9%。试参考这些开源项目的设计解决方案，自己创建一个开源项目让疫情大数据助力防疫特色场景的解决方案。

项目 3 认识 AI 动力——算力

教学导读

【教学导图】

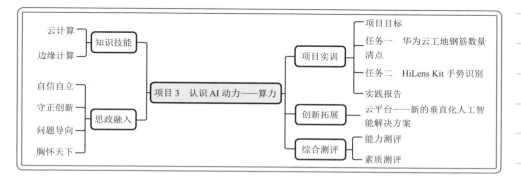

【教学目标】

知识目标	了解 AI 动力——算力 了解云计算 了解边缘计算
技能目标	掌握华为 AI 云平台 ModelArts 开发模型的方法 掌握华为 HiLens Kit 应用开发的方法
素质目标	培养实事求是、创新实践的科学精神与团结奋斗的团队精神
重点难点	云计算核心技术、边缘计算架构

【思政融入】

思政线	思政点	教学示范
自信自立 守正创新 问题导向 胸怀天下	培养团结奋斗的团队精神	在 3.1 节的云计算中，云计算简单来说就是由许多计算资源和千百万台服务器集合而成的系统，可以把一个庞大的计算量由云端拆成无数个小的程序，发给不同的服务器同时进行计算，最后整合出结果进行反馈，以小组为单位，培养团队合作精神
	激发专业自豪感，提升学习热情，培养严谨细致、精益求精的新时代工匠精神	在 HiLens Kit 手势识别训练实践中，当训练模型遇到困难的时候，需要强调工匠精神，耐心提高自己的实训能力

算力是人工智能的动力。2016 年，世界顶级围棋高手李世石与 AI 进行围棋对决，最后竟以 1:4 惨败谷歌阿尔法狗。2019 年 4 月，AI 电竞团队 OpenAI Five 与人类战队对决"DOTA2"，2:0 完胜世界冠军 OG 战队。人工智能凭什么能够战胜人类？答案是 AI 超级算力。

AI 通过算力处理大量的相关数据，并利用神经网络不断学习成长，最终获得技能，战胜人类选手。深度神经网络算法在 20 世纪 90 年代已经出现，但在近几年能够推广应用到各行各业，正是因为算力的飞跃提升。

现在很多领域都在谈论算力，到底什么是算力？算力，也称作计算能力 (Computing Power)，顾名思义就是设备的计算能力。小至手机、PC，大到超级计算机，算力存在于各种硬件设备中，只不过平时我们只是应用各种科技产品，而并不会直接以算力来描述。以个人 PC 或者手机为例，不同配置的产品，价格也会有高有低，这主要取决于配置了不同的中央处理器 (CPU)、显卡 (GPU) 及内存 (Memory) 等，这就构成了算力的差异性。高配置 PC 的算力高，能玩处理速度要求高的游戏，运行更消耗内存的 3D 类和影音类软件；低配置 PC 算力不够，也就只能玩普通游戏，运行一般的办公软件。

设备算力主要由各种芯片输出，包括 CPU、GPU、FPGA 和各种各样的 ASIC(如 NPU、TPU 等)，AI 芯片分类及特点如表 3-1 所示。

表 3-1　AI 芯片分类及特点

简　称		全　称	特　点
CPU		Central Processing Unit(中央处理器)	一般是指设备的"大脑"，发布执行命令、控制行动的总指挥，串行处理复杂多样的运算
GPU		Graphics Processing Unit(图像处理器)	又称视觉处理器，主要做并行计算和处理图像，相对于 CPU，可以同时处理大量相对简单的运算
FPGA		Field Programmable Gate Array(现场可编程门阵列)	可编程芯片，优点可根据需求灵活更改硬件配置，缺点是成本高、开发门槛高
ASIC	TPU	Tensor Processing Unit(张量处理器)	谷歌公司设计的深度学习专用处理器及 AI 硬件加速器，用于各种 AI 模型训练和推理
	NPU	Neural network Processing Unit(神经网络处理器)	基于神经网络算法，用电路模拟人类的神经元和突触结构的新型处理器，在功耗、可靠性、体积方面都有优势，适用于边缘端推理

CPU 能完成的算力任务是复杂、多样化、灵活的，以串行处理为主，但在人工智能计算中，涉及较多的矩阵或向量的乘法和加法，所以不适合 CPU。GPU 虽然是图形处理器，但它的 GPU 核 (逻辑运算单元) 数量远超 CPU，适合把同样的指令流并行发送到众核上，从而完成图形处理或大数据处理中的海量简单操

作。打个比方，CPU 类似一个大学教授，GPU 是一万个小学生组成的团队，教授虽然能解决很复杂的数学难题，但如果做 1 万道百以内的加法和乘法题，速度肯定比不上小学生团队。

FPGA 是可编程集成电路，即硬件结构可根据需要，通过编程实时配置，灵活改变；ASIC 是专用集成电路，是为专业用途而定制的芯片，其绝大部分软件算法都固化于硅片。前几年逐渐开始流行起来的 TPU、NPU 等，其实都是专用芯片。

但单个设备的算力终究有限，人们开始尝试分布式计算 (把一个巨大的计算任务分解为很多的小型计算任务，交给不同的计算机完成)，算力的真正巨变，是云计算技术的出现。云计算是分布式计算的新尝试，它的本质是将大量的零散算力资源进行打包、汇聚，实现更高可靠性、更高性能、更低成本的算力，并通过软件的方式组成一个虚拟的可无限扩展的"算力资源池"，"算力资源池"会根据用户需求，动态地进行算力资源的分配，用户按需付费。

目前，人工智能神经网络算法主要在云计算平台运行，随着物联网、工业互联网的发展，一些应用场景对数据处理的实时性和安全隐私性都提出了更高的要求，边缘计算逐渐兴起。所谓的边缘计算，核心是在采集数据的设备端，本地完成数据运算和处理，可以有效地保证实时性和安全性。下面通过知识讲解和项目实训，让大家了解和体验人工智能算力——云计算和边缘计算。

知识技能

⚙ 3.1 云 计 算

云计算服务体系与组织模式

3.1.1 云计算的定义

目前业界对云计算 (Cloud Computing) 的定义有 100 多种，尚没有一个统一的定义。现阶段广为接受的是美国国家标准与技术研究院 (National Institute of Standards and Technology，NIST) 的定义：云计算是一种无处不在的、便捷的、通过互联网访问的一个可定制的 IT 资源 (IT 资源包括网络、服务器、存储、应用软件和服务) 共享池，是一种按使用量付费的模式。它能够通过最少量的管理或与服务供应商的互动实现计算资源的迅速供给和释放。

这个定义用通俗的语言描述：云计算是与信息技术、软件、互联网相关的一种服务，这种计算资源共享池叫做"云"，云计算把许多计算资源集合起来，通过软件实现自动化管理，只需要很少的人参与，就能让资源被快速提供。也就是说，计算能力作为一种商品，可以在互联网上流通，就像水、电、煤气一样，可以方便地取用，且价格较为低廉。

善 学 勤 思
谈 谈 你 对 云计算的理解。

3.1.2　云计算的服务体系

云计算首先是一种服务，是基于互联网的 IT 服务的添加、使用和交互模式，一般是通过互联网来提供动态、易扩展的虚拟化资源。这种服务或资源可以是硬件资源、软件资源、互联网资源，也可以是其他服务资源。云服务体系架构如图 3-1 所示。

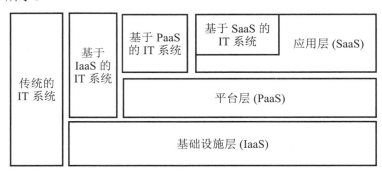

▲　图 3-1　云服务体系架构图

在传统的 IT 服务体系架构中，如果用户要构建自己的 IT 系统，需关注三个层面的子系统。首先是基础设施层，用户需要购买服务器硬件、路由器和交换机来组建局域网，购买磁盘阵列来提供充足的存储空间。其次是平台层，用户需要在服务器上安装操作系统、中间件和运行环境来保证 IT 服务应用软件能正常运行。最后是应用软件层，用户需要在搭建好的服务器中安装服务应用软件来提供 IT 服务。

在云服务体系中，用户可以基于以上三个层面提供云服务。

1. 基础设施即服务 (Infrastructure as a Service，IaaS)

IaaS 提供给用户的服务是对所有计算基础设施的利用，包括处理 CPU、内存、存储、网络和其他基本的计算资源。用户能够部署和运行任意软件，包括操作系统和应用程序。消费者不管理或控制任何云计算基础设施，但能控制操作系统的选择、存储空间、部署的应用，也有可能获得有限制的网络组件 (如路由器、防火墙、负载均衡器等) 的控制。一些较大的 IaaS 提供商包括 Amazon、Microsoft、VMWare、Rackspace、Red Hat、阿里云、腾讯云、百度云、华为云等。

2. 平台即服务 (Platform as a Service，PaaS)

PaaS 提供给用户的服务是应用服务软件的运行和开发环境，是面向开发人员的云计算服务模式。借助 PaaS 服务，无须过多考虑底层硬件和基本软件环境，就可以方便地使用很多在构建应用时的必要服务，比如安全认证等。同时，不同的 PaaS 服务支持不同的编程语言，比如 .Net、Java、Ruby 等，而有些 PaaS 支持多种开发语言。由于 PaaS 层位于 IaaS 和 SaaS 之间，所以很多 IaaS 及 SaaS 服务商很自然地就在本身的服务中加入了 PaaS，打造成一站式的服务体系。一些较大的 PaaS 提供商有 Google App Engine、Microsoft Azure、Force.com、

Heroku、Engine Yard，当然也包括国内的阿里云、腾讯云、百度云、华为云等。

3. 软件即服务 (Software as a Service，SaaS)

SaaS 是一种基于互联网提供软件服务的应用模式，即提供各种应用软件服务。供应商将应用软件统一部署到云计算平台上，用户可以根据实际需求，通过互联网向供应商订购所需的应用软件服务，只需按使用时间和规模支付费用，无须安装相应的应用软件，打开浏览器即可运行，并且不需要额外的服务器硬件，实现软件 (应用服务) 按需定制。对于中小型企业来说，SaaS 是采用先进技术实施信息化的最好途径。企业无须购买软硬件、建设机房、招聘 IT 人员，即可通过互联网使用信息系统，企业可以根据实际需要，向 SaaS 提供商租赁软件服务。SaaS 的典型产品有：Salesforce.com、阿里软件、中企动力、神码在线、金算盘、商务领航、bibisoft.cn 等。

图 3-2 详细展示了用户构建传统应用和分别在 IaaS、PaaS、SaaS 上构建或使用应用时，所关注功能结构的区别。

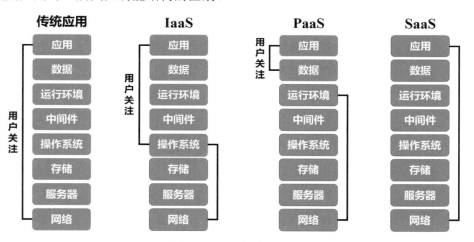

▲ 图 3-2　云服务功能结构图

构建传统应用时，用户要负责从最底层硬件到最上层应用的全套软硬件设施部署。既要关注网络、服务器、存储设备的配置和连接，也要安装维护操作系统、中间件和应用的运行环境，还要部署应用软件、维护应用数据。

采用 IaaS 云服务时，底层的网络、服务器和存储硬件的安装管理均由云服务商提供。云服务商根据用户配置要求提供各种虚拟机，用户只需要在云系统提供的虚拟机中安装维护操作系统、中间件和应用的运行环境，部署应用软件、维护应用数据即可。

采用 PaaS 云服务时，云服务商不仅负责网络、服务器和存储硬件的安装管理，还负责虚拟机中操作系统、中间件和应用的运行环境的安装维护。云服务商向用户提供的是应用软件开发部署的全套软硬件环境。用户只需在此环境中开发部署应用软件、维护应用数据即可。

采用 SaaS 云服务时，云服务商负责了传统应用构建的所有内容。用户只需根据自身需求订购应用服务即可。

善学勤思
云计算技术有如此多的应用场景，试分析云计算在我们未来的信息化、智能化生活中，将起到什么样的作用？

下面举例说明以上四种模式的区别。

小智想要建立一个网站，做网站站长。如果不采用云服务，他需要做的是：购买服务器、安装服务器软件、编写网站程序和运营网站。现在，小智想使用云计算服务。如果他采用 IaaS 服务，就可以不用购买服务器，在公有云服务商那里购买虚拟机即可，但还需安装服务器软件。如果采用 PaaS 服务，那么意味着他既不需要购买服务器，也不需要自己安装服务器软件，只需要自己开发网站程序即可。如果再进一步，小智购买某些在线论坛或者在线网店的 SaaS 服务，这意味着他不用自己开发网站程序，只需要使用在线网店开发好的程序即可，而且在线网店会负责程序的升级、维护、增加服务器等，而小智只需要专心运营网店即可。

3.1.3 云计算的主要部署模式

云计算的主要部署模式有公有云、私有云和混合云。

1. 公有云

公有云是面向互联网大众的云计算服务。公有云的受众是整个互联网环境下的所有人，只要注册缴纳一定的费用，任何人都可以使用其提供的云计算服务。用户无须构建硬件、软件等基础设施，也无须进行后期维护，就可以在任何地方、任何时间、以多种方式通过互联网的形式访问并获取资源。目前，国内的公有云服务提供商有阿里云、腾讯云、华为云等，国外的有亚马逊 AWS、微软云 Azure、GAE(Google App Engine) 等。

2. 私有云

如果你是云计算平台的管理员，要怎么维护平台用户的隐私和数据安全呢？

私有云是面向企业内部的云计算平台，是企业传统数据中心的延伸和优化，能够针对各种功能提供存储容量和处理能力。

"私有"更多是指此类平台属于非共享资源。私有云是为了一个客户单独使用而构建的，云平台的资源为包含多个用户的单一组织专用。私有云可由该组织、第三方或两者联合拥有、管理和运营。私有云的部署场所可以在机构内部，也可以在机构外部。

因为私有云是为一个客户（如企业、政府、学校等）单独使用而构建的，因而提供对数据、安全性和服务质量的最有效控制。客户拥有基础设施，并可以控制在此基础设施上部署应用程序的方式。私有云可部署在客户数据中心的防火墙内，也可以将它们部署在一个安全的主机托管场所，具有较高的安全性。比较流行的私有云平台有 VMware vCloud Suite 和微软的 System Center 2016。

3. 混合云

混合云是由两种不同模式（私有云、公有云）的云平台组合而成。这些平台依然是独立实体，但是利用标准化或专有技术实现绑定，彼此之间能够进行数据和应用的移植，例如在不同云平台之间的数据容灾备份和负载均衡。

由于安全和控制原因，并非所有的客户信息都能放置在公有云上，这样大部分已经应用云计算的客户将会使用混合云模式。公有云和私有云的主要区别如下：

(1) 从云的建设地点划分。公有云是互联网上发布的云计算服务，云资源在提供商的场所内；私有云是客户组织内部 (专网) 发布的云服务，搭建云平台所需的资源由企业自给。

(2) 从云服务的协议开发程度划分。公有云是协议开放的云计算服务，不需要专有的客户端软件解析，所有应用以服务的形式提供给用户，而不是以软件包的形式提供；私有云则需要最终用户有专用的软件，当然现在越来越多的私有云平台也采用通用的 Web 浏览器的方式来提供服务。

(3) 从服务对象划分。私有云是为"一个"客户单独使用而构建的，因而提供对数据、安全性和服务质量的最有效控制；公有云则是针对外部客户，通过网络方式提供可扩展的弹性服务。

用户到底采用哪种云计算的部署模式？这需要根据用户的需求和关注点进行综合分析和比较后确定。云计算的三种主要部署模式的优缺点详见表 3-2。

表 3-2　云计算的部署模式优缺点分析

项目	公有云	私有云	混合云
优点	成本低，扩展性非常好	数据、安全和服务质量较公有云都有着更好的保障	可根据需求，充分发挥公有云和私有云的优点
缺点	对于云端的资源缺乏控制、保密数据的安全性、网络性能和匹配性问题	成本相对较高，需要较高的建设和维护能力	架构较为复杂

3.1.4　云计算的核心技术——虚拟化和分布式

虚拟化和分布式共同解决的一个问题就是物理资源重新配置形成逻辑资源。其中虚拟化做的是造一个资源池，而分布式做的是使用一个资源池。

虚拟化包括计算虚拟化、网络虚拟化和存储虚拟化。

计算虚拟化通常做的是一虚多，即一台物理机虚拟出多台虚拟机。

类似于计算虚拟化，网络虚拟化同样解决的是网络资源占用率不高、手动配置安全策略过于麻烦的问题。

存储虚拟化通常做的是多虚一，除了解决弹性、扩展问题外，还解决备份的问题。

⚙ 3.2　边 缘 计 算

3.2.1　边缘计算的概念

"边缘计算是在靠近物或数据源头的网络边缘侧，融合网络、计算、存储、

边缘计算概述

善 学 勤 思

查阅资料,
说一说你对"边
云协同"和"边
缘智能"的理解。

应用核心能力的开放平台,就近提供边缘智能服务,满足行业数字化在敏捷连接、实时业务、数据优化、应用智能、安全与隐私保护等方面的关键需求。"——这是边缘计算产业联盟(Edge Computing Consortium, ECC)于2017年发布的《边缘计算参考架构1.0》中给出的边缘计算1.0定义。它从边缘计算的位置、能力与价值等维度给出定义,在边缘计算产业发展的初期有效牵引产业共识,推动边缘计算产业的发展。

按功能角色来看,边缘计算主要分为"云、边、端"三个部分:"云"是传统云计算的中心节点,负责边缘计算的管控;"边"是云计算的边缘侧,分为基础设施边缘(Infrastructure Edge)和设备边缘(Device Edge);"端"是终端设备,如手机、智能家电、各类传感器、摄像头等。随着云计算能力从中心下沉到边缘,边缘计算将推动形成"云、边、端"一体化的协同计算体系。

边缘计算业务本质是云计算在数据中心之外的延伸,两者各有其特点:云计算能够把握全局,处理大量数据并进行深入分析,在商业决策等非实时数据处理场景发挥着重要作用;边缘计算侧重于局部,能够更好地在小规模、实时的智能分析中发挥作用,如满足局部企业的实时需求。因此,在智能应用中,云计算更适合大规模数据的集中处理,而边缘计算可以用于小规模的智能分析和本地服务。边缘计算与云计算相辅相成、协调发展,更大程度上助力行业的数字化转型。

3.2.2 边缘计算的优势与应用场景

边缘计算相对于云计算的优势如下:

(1) 数据处理分析的实时性。边缘计算距离数据源更近,数据存储和计算任务可以在边缘计算节点上进行,减少了中间数据传输的过程,保证实时处理,减少延迟时间,为用户提供更好的智能服务。在自动驾驶、智能制造等位置实时感知领域,快速反馈尤为重要,边缘计算可以为用户提供高实时性的服务。

(2) 安全性。由于边缘计算只负责自己业务范围内的任务,数据的处理基于本地,不需要上传到云端,避免了网络传输过程带来的风险,因此数据的安全可以得到保证。而且一旦数据受到攻击,只会影响本地数据,而不是所有数据。

(3) 低成本、低能耗、低带宽成本。由于数据处理不需要上传到云计算中心,因此边缘计算不需要使用太多的网络带宽。随着网络带宽的负荷降低,智能设备的能源消耗将大大减小。因此,边缘计算可以降低数据处理的成本与能耗,同时提高计算效率。

可见边缘计算适合低延迟、低带宽、数据安全要求高的场景。例如,在智能安防中,通过引入边缘计算,可以高效处理原始视频流数据,避免将冗余数据上传到云端;在智能交通中,边缘计算可以对地理位置数据进行实时处理和收集,而不必再传送到云计算中心进行相应操作;在智慧零售中,通过边缘计算,零售店铺可以在本地就进行数据处理和优化,这样组织的行动反馈就能更快更及时；在工业互联网中，主要体现在对工业大数据的处理、模型的训练以及工业设备的远程优化控制；在智慧城市中，通过信息化和数字化，把城市的大部分数据结构化并收集起来，进行智能化处理决策。随着边缘计算的发展，通过边缘计算节点进行分析、预处理、联合控制及告警，及时对数据作出反馈，实现信息化智慧城市。边缘计算的应用场景如图 3-3 所示。

举例说明边缘计算在我们生活中有哪些应用。

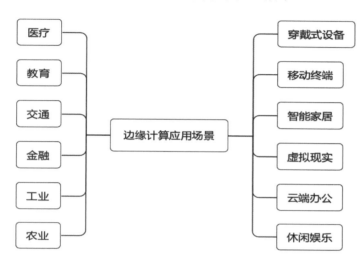

▲ 图 3-3　边缘计算的应用场景

从应用场景可以看出，边缘计算与云计算需要通过紧密协同才能更好地满足各种场景的需求，所以发展的趋势是"边云协同"。其中，边缘计算靠近执行单元，是数据的初步处理单元，为云端提供高价值数据，可以更好地支撑云端应用；反之，云计算通过大数据分析，不断优化业务规则和 AI 模型，然后下发到边缘侧，边缘侧基于优化后的模型可以更好地分析处理数据。

3.2.3　边缘计算架构

边缘计算参考架构 3.0 的整个系统分为云、边缘和现场三层，边缘层位于云和现场层之间，边缘层向下支持各种现场设备的接入，向上可以与云端对接。

边缘层包括边缘节点和边缘管理器两个主要部分。边缘节点是硬件实体，是承载边缘计算业务的核心。边缘管理器的呈现核心是软件，主要功能是对边缘节点进行统一的管理。

边缘计算节点一般具有计算、网络和存储资源。边缘计算系统对资源的使用有两种方式：第一，直接将计算、网络和存储资源进行封装，提供调用接口，边缘管理器以代码下载、网络策略配置和数据库操作等方式使用边缘节点资源；第二，进一步将边缘节点的资源按功能领域封装成功能模块，边缘管理器通过模型驱动的业务编排方式组合和调用功能模块，实现边缘计算业务的一体化开发和敏捷部署。边缘计算参考架构 3.0 如图 3-4 所示。

善 学 勤 思

你认为边缘计算参考架构3.0中的核心部分是哪些呢?

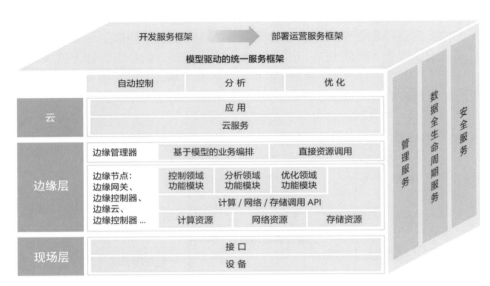

▲ 图 3-4　边缘计算参考架构 3.0

3.2.4　边缘计算的核心技术

推动边缘计算发展的七项核心技术包括网络、隔离技术、体系结构、边缘操作系统、算法执行框架、数据处理平台以及安全和隐私。这些技术的不断发展和完善将持续推动边缘计算的发展。边缘计算的核心技术如图 3-5 所示。

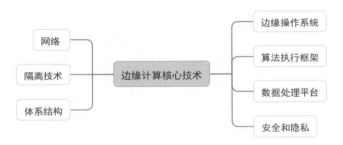

▲ 图 3-5　边缘计算的核心技术

云计算实训

项 目 实 训

【项目目标】

本项目有两个任务:利用华为云平台实现工地钢筋数量清点和利用华为 HiLens Kit 硬件套装完成手势识别。通过本项目:

(1) 体验人工智能云平台应用开发,掌握利用华为 AI 云平台 ModelArts 开发模型的方法。

(2) 体验边缘计算应用开发，掌握使用华为 HiLens Kit 应用开发的方法。

任务一　华为云工地钢筋数量清点

中国的各施工工地每年都要使用大量的钢筋，一车钢筋运到工地现场需要工作人员进行盘点，通常的做法是靠人工清点的方式，非常耗时费力。为了提高钢筋盘点效率，业界提出了对钢筋图片进行拍照，然后使用 AI 算法检测图片中的钢筋条数。实践证明，该方案不仅准确率高，而且可以极大提高盘点效率。

Modelarts 的 AI Gallery 中提供了大量免费的 Notebook 案例，供用户学习使用。用户可以一键运行 Notebook 样例，体验如何在开发环境 Notebook 中完成从数据准备到模型开发再到部署的 AI 开发全流程。

本案例提供了一个基于计算机视觉的钢筋条数检测的样例，基于目标检测的方法，使用 250 张已经人工标注好的钢筋图片进行 AI 模型的训练，训练 25 min，即可检测出图片中钢筋的横截面，从而统计出钢筋的条数。工地钢筋条数统计结果如图 3-6 所示。

▲ 图 3-6　工地钢筋条数统计结果效果图

实现步骤如下：

(1) 进入 AI Gallery，在"资产集市"→"开发"→"Notebook"页面搜索找到"基于计算机视觉的钢筋条数检测"案例，单击案例名称进入详情页。也可以在浏览器中输入网址 https://developer.huaweicloud.com/develop/aigallery/notebook/detail?id=b6df84d8-6b8a-4f44-a530-721d8d150965，打开"基于计算机视觉的钢筋条数检测"案例。

(2) 单击详情页右侧的"Run in ModelArts"，如图 3-7 所示。

▲ 图 3-7　"基于计算机视觉的钢筋条数检测"案例

(3) 系统自动进入 ModelArts 的 JupyterLab 页面，如果未登录华为云，则根据提示登录。

(4) 登录后在页面右上角会提示正在与 ModelArts 连接中，等待连接完成，如图 3-8 所示。

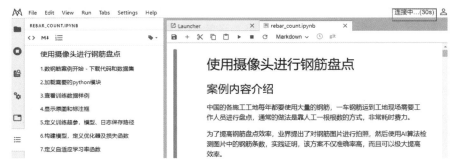

▲ 图 3-8 系统连接中

(5) 在右侧的资源管理窗口，推荐切换为限时免费的 GPU 规格进行训练，可以提升训练效率，如图 3-9 所示。

▲ 图 3-9 切换规格

(6) 资源切换完成后，即可了解该案例的内容步骤并运行。该案例运行步骤如图 3-10 所示。

▲ 图 3-10 案例运行步骤

（7）反复单击导航栏的"运行"按钮▶，逐步运行每个步骤，运行状态如图 3-11 所示。也可以一键运行该案例的所有步骤，如图 3-12 所示。

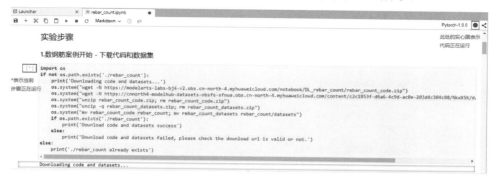

▲ 图 3-11 运行状态

▲ 图 3-12 一键运行所有步骤

（8）在开始训练环节共迭代训练 25 次，每次耗时 60 s，共 25 min，如图 3-13 所示。如果运行过程中发现剩余时间不够用，可以单击右上角的时间提醒按钮，延长停止时间。

▲ 图 3-13 训练环节

（9）可以看到使用训练出来的模型预测，预测结果显示每条钢筋的位置和图片中的钢筋总条数。至此，整个案例的全部操作流程已经完成。

边缘计算实训

任务二　HiLens Kit 手势识别

本节将通过利用华为 HiLens Kit 智能边缘系统实现手势识别的例子，使读者更好地体验边缘计算的手势识别实例，总体步骤如图 3-14 所示。

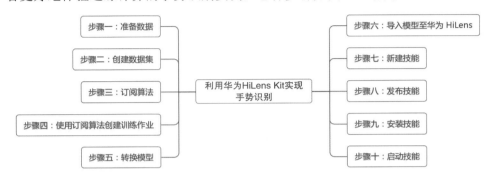

步骤一：准备数据

步骤二：创建数据集

步骤三：订阅算法

步骤四：使用订阅算法创建训练作业

步骤五：转换模型

利用华为 HiLens Kit 实现手势识别

步骤六：导入模型至华为 HiLens

步骤七：新建技能

步骤八：发布技能

步骤九：安装技能

步骤十：启动技能

▲ 图 3-14　华为 HiLens Kit 手势识别总体步骤

华为 HiLens Kit 及其手势识别实现效果如图 3-15 和图 3-16 所示。

▲ 图 3-15　华为 HiLens Kit 实物图

▲ 图 3-16　华为 HiLens Kit 手势识别效果图

本任务的具体操作手册可扫描书中相应的二维码进行详细学习，正文中讲解如下主要步骤。

1. 创建数据集

首先登录 ModelArts 管理控制台，根据要求完成访问权限配置。然后在左侧菜单栏中选择"数据管理"→"数据集"。在数据集管理页面，单击"创建数据集"，如图 3-17 所示。

▲ 图 3-17　创建数据集

参数填写完成后，单击"创建"，完成数据集创建。等待数据同步完毕，用户可以单击数据集名称进入概览页面，了解进度。由于提供的样例数据集已完成数据标注，当数据集概览页面显示图片已标注时，表示数据已同步完成。最后完成发布数据集。

2. 订阅算法

ModelArts 官方提供了一个"ResNet_v1_50"算法，该算法的用途为图像分类，用户可以使用此算法训练得到所需的模型。目前"Resnet_v1_50"算法发布在 AI Gallery 中。用户可以前往 AI Gallery 订阅此算法，然后同步至 ModelArts 中。

3. 使用订阅算法创建训练作业

进入 ModelArts 管理控制台，单击左侧导航栏"训练管理"→"训练作业"，进入"训练作业"页面。单击"创建"，进入"创建训练作业"页面。在"创建训练作业"页面，填写训练作业相关参数，完成后如图 3-18 所示。

▲ 图 3-18　训练作业相关参数

4. 转换模型

在 ModelArts 管理控制台中,选择左侧导航栏的"模型管理"→"压缩/转换",进入模型转换列表页面。在"创建任务"页面填写相关信息,得到如图 3-19 所示的界面。

▲ 图 3-19　创建模型压缩/转换任务

5. 导入模型至华为 HiLens

登录华为 HiLens 管理控制台,在左侧导航栏中选择"技能开发"→"模型管理",进入"模型管理"页面。

华为 HiLens 控制台技能开发所在的区域应和在 ModelArts AI Gallery 订阅算法的区域图一致。在"模型管理"页面，单击右上角的"导入 (转换) 模型"。在"导入模型"页面填写参数，信息确认无误后单击"确定"按钮完成导入。导入模型如图 3-20 所示。

* 名称 ⑦	gesture-recognition
* 版本	1.0.0
* 描述	摄像头将能识别近距离的基本手势，包括点赞（Great）、OK、胜利（Yeah）、摇滚（Rock）等手势。
	52/100
* 模型来源	从OBS导入　　从ModelArts导入　　　OM（从转换任务中获... ▼

▲ 图 3-20 导入模型

6. 新建技能

在华为 HiLens 管理控制台的左侧导航栏中选择"技能开发"→"技能管理"，进入技能列表。在"技能管理"页面，单击右上角的"新建技能"，进入"创建技能"页面。在"创建技能"页面的"技能模板"中选择"使用空模板"后，填写基本信息和技能内容，如图 3-21 和 3-22 所示。

基本信息

技能模板	使用空模板　选择已有模板
* 技能名称	Gesture_Recognition
* 技能版本	1.0.0
* 适用芯片 ⑦	Ascend310 ▼
* 检验值 ⑦	gesture
* 应用场景	其它 ▼　手势识别
技能图标	＋
* OS平台	Linux　Android　iOS　LiteOS　Windows
描述	B I H 66 ☰ ☰ % ⊠ ⊙ ⊡ ✕ 长度不能超过2048，且不能包含~^$%&字符

▲ 图 3-21 新建技能

技能内容

▲ 图 3-22　技能内容

7. 安装技能

在"技能开发"→"技能管理"页面，选择已开发的技能，单击右侧操作列的"安装"。勾选已注册且状态在线的设备，单击"安装"，安装成功后单击"确定"按钮，完成安装技能操作。

8. 启动技能

使用 HDMI 视频线缆连接 HiLens Kit 视频输出端口和显示器。单击左侧导航栏"设备管理"→"设备列表"，进入"设备列表"页面。单击已注册设备的"技能管理"，查看技能状态已安装的手势判断技能状态为"停止"，单击操作列的"启动"，并单击"确定"按钮，确定启动技能运行在端侧设备上。

技能处于"运行中"状态时，用户可以通过显示器查看技能输出的视频数据，此样例所开发的手势判断技能可识别一般的手势，技能输出的视频中会用方框标记出手势，并标记出手势的含义。至此，便实现了利用华为 HiLens Kit 智能边缘系统进行手势识别。

【项目总结】

本项目包括利用华为云平台实现工地钢筋数量清点和利用华为 HiLens Kit 硬件套装完成手势识别两个任务。通过该项目实践体验，读者可以体验人工智能云平台应用开发的一般流程，掌握利用华为 AI 云平台 ModelArts 开发模型的方法，体验边缘计算应用开发的一般流程，掌握使用华为 HiLens Kit 应用开发的方法。

【实践报告】

项目实践报告			
项目名称			
姓名		学号	
小组名称（适合小组项目）			
实施过程记录			
测试结果总结			
后期改进思考			

成员分工（适合小组项目）			
姓名	职责	完成情况	组长评分

思 考 改 进

考 核 评 价

评价标准：

1. 执行力：按时完成项目任务。
2. 学习力：知识技能的掌握情况。
3. 表达力：实施报告翔实、条理清晰。
4. 创新力：在完成基本任务之外，有创新、有突破者加分。
5. 协作力：团队分工合理、协作良好，组员得分在项目组得分基础上根据组长评价上下浮动。

云平台——新的垂直化人工智能解决方案

云平台新的垂直化人工智能解决方案是人工智能的发展趋势之一。

云计算作为一项技术，其最终目的是要服务于客户，让客户能够从中受益，这样的云计算才是真正的云计算，而真正给客户带来价值的是产品。行业各有不同、需求也各有千秋，而这也是云计算行业垂直应用的瓶颈。

世界领先的人工智能供应商，包括亚马逊、谷歌和微软，都正专注于将研究和开发工作商业化。他们通过旗下的云平台提供托管服务，并建立硬件设备，配备人工智能加速器和针对特定场景的预训练模型。

随着场景经验的积累，垂直行业的模板数量增加，方案设计和服务编排能力得到提升，企业能够针对相同领域、相同场景形成标准化一体化解决方案，不仅有利于模型效果的提升，也能够进一步减少建模过程中的人为干预，提升模型开发效率。

目前，头部企业已经进入平台规模化阶段，未来更倾向于基于平台自己开发 AI 应用，即随着平台自动化程度的提升和模型经验的积累，针对大部分场景，头部企业 IT 人员可利用说明手册和模板基于平台自建 AI 应用。在这一过程中，头部企业更关注平台功能和平台性能的持续增强。仅有极少部分全新场景需要第三方供应商的数据科学家参与。未来头部企业 AI 应用开发模式如图 3-23 所示。

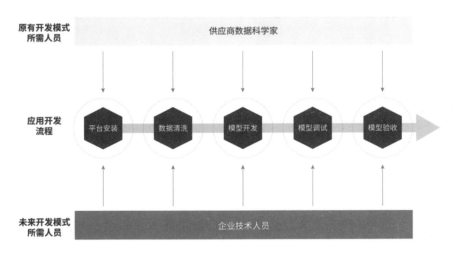

▲ 图 3-23 未来头部企业 AI 应用开发模式

未来，我们将看到人工智能平台和云供应商利用前沿研究技术和现有的管理服务，提供针对特定的例子和场景的解决方案。

综合测评

参考答案

一、能力测评

1. [填空题] 边缘计算位于云和_____之间，边缘层向下支持各种现场设备的接入，向上可以与云端对接。

2. [填空题] 边缘节点是硬件实体，是承载边缘计算业务的核心。边缘管理器的呈现核心是_____，主要功能是对边缘节点进行统一的管理。

3. [填空题] 边缘层包括_____和_____两个主要部分。

4. [判断题] 物联网专注于物物相连，大数据专注于数据的价值化，而云计算则为大数据和物联网提供计算资源等服务支持。(　　)

5. [判断题] 虚拟化技术不是云计算的核心技术。(　　)

6. [判断题] 构建云计算平台的计算机都需要高配置的机器。(　　)

7. [多选题] 云计算按服务模式可以分为 (　　)。

A. IaaS　　　　　　B. PaaS　　　　　　C. SaaS　　　　　　D. MaaS

8. [多选题] 云计算的关键特征是 (　　)。

A. 按需自主服务

B. 无处不在的网络接入

C. 与位置无关的资源池

D. 快速弹性

E. 按使用付费

9. [多选题] 下面关于云计算组织模式优缺点的论述错误的是 (　　)。

A. 公有云成本低，扩展性非常好

B. 混合云架构较为复杂

C. 私有云数据安全和服务质量都较公有云有着更好的保障

D. 公有云数据保密性非常好

10. [思考题] 使用云计算和使用个人电脑相比，在保护个人隐私和数据安全方面有什么不同？

二、素质测评

使用 ModelArts 开发一个用于华为 HiLens 平台的算法模型，然后基于自定义的算法模型和逻辑代码新建技能。根据手势识别技能的样例，熟悉从模型训练到查看技能效果，新建一个全新技能的全流程，快速熟悉华为 HiLens 技能开发的使用过程。

项目4　了解 AI 大脑——算法

教学导读

【教学导图】

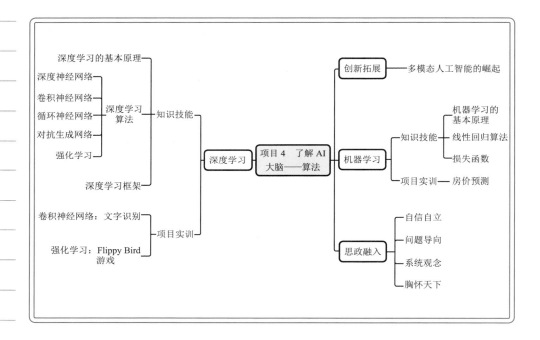

【教学目标】

知识目标	了解机器学习算法基本原理；了解深度学习算法基本原理；了解强化学习算法基本原理
技能目标	通过房价预测、文字识别、Flippy Bird 游戏，掌握机器学习、深度学习、强化学习应用技能
素质目标	引导关心社会民生问题，激发胸怀天下的爱国主义精神，激发文化自信
重点难点	线性回归算法、卷积神经网络、强化学习算法原理

【思政融入】

思政线	思政点	教 学 示 范
自信自立 问题导向 系统观念 胸怀天下	培养严谨细致、精益求精的新时代工匠精神	在情景导入中，了解《九章算术》的内容，了解古人如何解决"方程""勾股"等问题，体会老祖宗的智慧
	培育文化自信	在房价预测项目中，可以开展社会调查，关心社会民生问题
	培养"家事国事天下事，事事关心"的担当精神	在文字模型训练评估实践中，训练完模型，当评估结果不满意时，需要强调科学、耐心调参，自行探索提升模型的泛化能力

情景导入

如果说数据是 AI 的燃料，算力是 AI 的动力，那么算法就是 AI 的大脑、核心，算法的不断突破创新也提升了人工智能解决问题的能力，特别是近十来年深度学习算法在图像识别、自然语言处理、推荐系统等领域的广泛应用，使人工智能变得更加实用。

那算法是什么？广义的算法 (Algorithm) 是解决问题的方法思路的准确、完整的描述，是一系列清晰的指令，比如我们炒菜的菜谱也是一种算法。算法自古有之，我国古代的《九章算术》，就收录了 246 个与生产、生活相关的应用问题，其中每道题有问、答、术（"术"就是算法），比较有名的算法如"方程术""正负开方术""招差术"等，这些算法所表达的数学真理，有的在欧洲直到 18 世纪以后依赖近代数学工具才能重新获得，如图 4-1 所示。

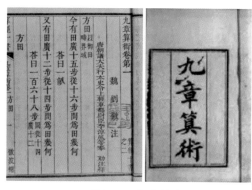

▲ 图 4-1 九章算术

人工智能算法，通常指机器学习算法，机器学习是人工智能的一个子集，深度学习又是机器学习的一个子集，如图 4-2 所示。但是，近年来由于深度学习热度陡升，使得深度学习独立出来。人们通常所说的机器学习指的是传统意义上如回归、支持向量机、K 近邻、聚类等算法。

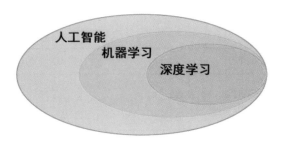

▲ 图 4-2　人工智能、机器学习和深度学习的关系

本项目将按照传统的机器学习算法与深度学习算法的分类方式展开介绍。通过房价预测这一经典问题了解机器学习算法的应用。通过文字识别学习深度学习算法的应用。强化学习作为机器学习的一个分支，近年来也被广泛研究与应用，我们将通过 Flippy Bird 游戏体验强化学习算法的应用。

1. 房价预测

住房问题是重要的民生问题，北京作为中国的首都，同时也是经济、文化、政治中心，北京房价是备受关注的话题。为了能够更好地理解机器学习算法，通过对北京二手房信息进行数据分析，观察住房特征规律，利用机器学习模型进行房价预测。在任务一中，我们将一起完成基于机器学习的北京房价预测。

2. 文字识别

光学字符识别 (Optical Character Recognition，OCR) 又称文字识别，是指电子设备 (例如扫描仪或数码相机) 检查纸上打印的字符，通过检测暗、亮的模式确定其形状，然后用字符识别方法将形状翻译成计算机文字的过程。在实际生活中，OCR 有下面常见应用：证件识别、车牌识别、pdf 文档转换为 Word 文档、拍照识别、截图识别、网络图片识别、物流分拣、文献资料检索等。

验证码 (CAPTCHA) 是 "Completely Automated Public Turing test to tell Computers and Humans Apart"（全自动区分计算机和人类的图灵测试）的缩写，是一种区分用户是计算机还是人类的程序。通过将一串随机产生的数字或符号生成一幅图片，图片里加上一些干扰像素，由用户肉眼识别其中的验证码信息。一般人为手动输入验证码并提交网站验证，可以防止破解密码、刷票、论坛灌水等恶意行为。但是随着深度学习和计算机视觉的兴起，采用文字识别技术可以对验证码进行识别，文字识别主要采用深度学习技术的卷积神经网络进行识别。在任务二中，我们将一起完成基于深度学习算法的验证码识别。

3. Flippy Bird 游戏

Flippy Bird 是一款手机游戏，游戏中玩家必须控制一只胖乎乎的小鸟，跨越由各种不同长度水管组成的障碍。该游戏上手容易，但是想通关可不简单。Flippy Bird 于 2013 年 5 月在苹果 App Store 上线，2014 年 2 月在 100 多个国家/ 地区的游戏榜单中一跃登顶。尽管该游戏没有精细的动画效果，没有复杂的游戏规则，没有众多的关卡，却非常有趣。任务三中我们将一起完成基于强化学习算法教会计算机自己玩 Flippy Bird 游戏，游戏示意如图 4-3 所示。

▲ 图 4-3　Flippy Bird 游戏

知识技能

本项目的三个任务都比较复杂，在进行项目实训之前，还有很多知识技能需要掌握。

4.1　机器学习的基本原理

算法原理概述

机器学习 (Machine Learning，ML) 就是计算机利用已有的数据 (经验)，得出了某种模型，并利用此模型预测未来的一种方法。机器学习是一门多领域交叉学科，涉及概率论、统计学、逼近论、凸分析、算法复杂度理论等。

我们通过一个"等人问题"来说明机器学习的基本思路。小 A 和小 Y 是好朋友，小 Y 经常迟到，今天小 A 跟小 Y 约好下午 3 点钟在饭店见面，小 A 何时出门比较合适呢？

我们尝试用机器学习算法来解决这个问题。首先要建立模型，建立模型至少需要考虑两个因素：一个是自变量，也就是影响小 Y 迟到与否的因素；另一个是因变量，也就是小 Y 是否迟到的结果。假设把时间作为自变量，小 A 通过历史数据得出小 Y 迟到的日子基本都是星期五，其他时间基本不迟到，根据这个数据经验就可以建立一个模型，来描述小 Y 迟到的规律。当今天赴约时，就可以利用这个模型判断小 Y 是否迟到，小 A 据此可以作出是否晚点出门的决策，即模型预测。这种方法是一种最简单的机器学习模型——决策树，如图 4-4 所示。

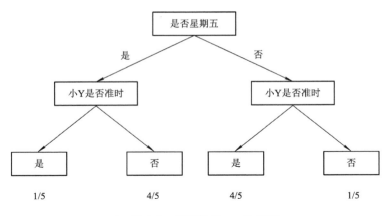

▲ 图4-4 机器学习——决策树

当考虑的自变量只有"是否星期五"时,情况较为简单。如果把自变量增加一个,例如小Y迟到的部分原因是堵车,这就需要建立一个复杂的模型,这个模型包含两个自变量与一个因变量。再复杂一点,小Y迟到可能是因为下雨,这时候就需要考虑三个自变量。

如果希望预测小Y具体迟到多久,可以把他每次迟到的时间跟是否周五、是否堵车或下雨等自变量统一建立一个模型,就能预测他迟到的时间了。这样小A就可以更好地规划自己的出门时间了。但是在更加复杂的情况下,决策树无法很好地支撑复杂模型,这时可以使用另外一种机器学习算法——线性回归算法。

通过"等人问题"的解决过程,我们很容易总结出机器学习的一般原理:把相关自变量、因变量组成的历史数据交给计算机,计算机通过选择合适的机器学习算法,对这些数据进行分析学习(这个过程称为"训练"),总结出小Y迟到的规律(称为"模型");再输入今天自变量(天气、是否周五、是否堵车)时,计算机就可以给出小Y今天是否迟到,预计迟到几分钟的建议(称为"预测")。机器学习过程和人类思考归纳过程非常类似,如图4-5所示。

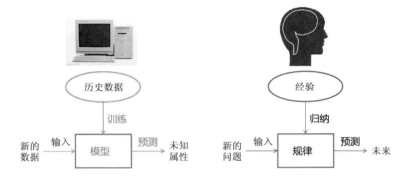

▲ 图4-5 机器学习与人类思考的类比

值得一提的是,机器学习的主要任务是指导计算机从数据中学习,然后利用经验来改善自身的性能,是不需要进行明确的编程。这和我们常见的自动化控制是不同的，比如一个自动门程序，需要程序员人为输入一段显性的判断代码（发现传感器被遮挡时则启动电机开门），这也是自动化和智能化的区别。

4.2　线性回归算法

机器学习所针对的问题有两种：一种是回归，一种是分类。回归是解决连续数据的预测问题，而分类是解决离散数据的预测问题。线性回归是一个典型的回归问题，是机器学习的经典算法之一。

我们通过房价预测来理解线性回归算法。如果有一栋房子需要售卖，应该给它标什么价格呢？首先需要了解房价与什么因素有关，比如面积。通过调查周边类似房型获得一组包含了面积和价格的数据，这组数据称为样本数据，如果能从这组数据中找出面积与价格的对应规律，就可以得出待售卖房子的价格。

根据经验我们可先假定房价与面积呈线性关系，用线性函数表示：y（房价）= x（面积）× a + b。然后利用前面收集的样本数据，就可以拟合出一条直线，让这条直线尽可能地"穿过"样本数据，从而得到参数 a 和 b（如 $y = 10x + 20$），如图 4-6 所示，图中点为样本数点，直线为拟合结果。此时，只需要将待售卖的房屋面积输入函数，就可以得到比较合理的售价了。这里我们假定影响房屋价格的因素只有面积一个因素，即只用一个 x 来预测 y，称为一元线性回归。

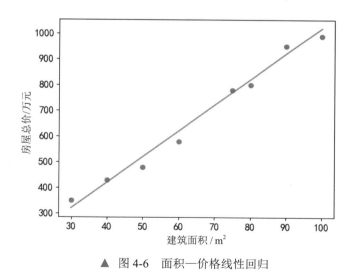

▲ 图 4-6　面积—价格线性回归

4.3　损 失 函 数

这里继续通过房价预测的例子，来了解损失函数。用直线拟合离散点，为什么最终得到的直线是 $y = 10x + 20$，而不是下图中的 $y = 8x + 20$ 呢？这两条线看起来都可以拟合这些数据，毕竟数据不是真的落在一条直线上，而是分布在直线周围，所以需要找到一个评判标准，用于评价哪条直线才是最"合适"的，如图 4-7 所示。

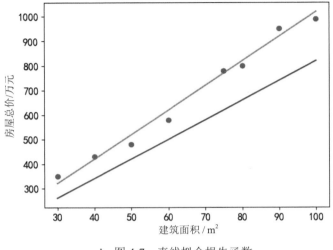

▲ 图 4-7　直线拟合损失函数

损失函数表示真实值和预测值间的差值 (也可以理解为差距、距离)，损失函数越小，那么这条拟合直线越准确。真实值与预测值之间可以通过直线距离来计算。

假设有一组样本，建立了一个线性回归模型 $f(x)$，有以下三个样本点：

样本 A：建筑面积 $x=80m^2$，房屋总价 $y=780$，$f(x=80)=820$，偏差为 $780-820=-40$。

样本 B：建筑面积 $x=90m^2$，房屋总价 $y=950$，$f(x=90)=920$，偏差为 $950-920=30$。

样本 C：建筑面积 $x=40m^2$，房屋总价 $y=430$，$f(x=90)=420$，偏差为 $430-420=10$。

因为各偏差结果有正有负，所以计算 A、B、C 的整体偏差，要对其全部取绝对值后再相加，得到损失是 80。

通过同样的方法计算两条线的损失，选择损失小的那条拟合直线就是最终的直线。上述例子是一元线性回归，只需要拟合一条直线，如果有两个特征，就是二元线性回归，要拟合的就是一个平面。

⚙ 4.4　深度学习的基本原理

深度学习 (Deep Learning，DL) 是机器学习的分支，是一种试图使用包含复杂结构或由多重非线性变换构成的多个处理层对数据进行高层抽象的算法。深度学习是机器学习中一种基于对数据进行表征学习的算法，是一个复杂的机器学习算法，在搜索技术、数据挖掘、机器学习、机器翻译、自然语言处理、多媒体学习、语音、推荐和个性化技术，以及其他相关领域都取得了令人瞩目的成果。深度学习解决了很多复杂的模式识别难题，使得人工智能相关技术取得了很大进步。目前，深度学习技术的主要应用领域有人脸识别类、文字识别类、图像识别类、语音及理解类四大场景。

这里以汉字识别为例导入深度学习的基本原理。假设深度学习要处理的信息是"水流"，而处理数据的深度学习网络是一个由管道和阀门组成的巨大水管网络。网络的入口是若干管道开口，网络的出口也是若干管道开口。这个水管网络有许多层，每一层有许多个可以控制水流流向与流量的调节阀。根据不同任务的需要，水管网络的层数、每层的调节阀数量可以有不同的变化组合。对复杂任务来说，调节阀的总数可以成千上万甚至更多。水管网络中，每一层的每个调节阀都通过水管与下一层的所有调节阀连接起来，组成一个从前到后，逐层完全连通的水流系统，如图 4-8 所示。

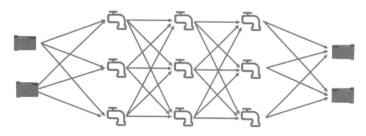

▲ 图 4-8　深度学习类似水流系统

计算机该如何使用这个庞大的水管网络来学习识字呢？比如识别"田"字，当计算机看到一张写有"田"字的图片，就将组成这张图片的所有数字全都变成信息的水流 (0、1 代码流)，从入口灌进水管网络。

预先在水管网络的每个出口都插一块字牌，对应于每一个想让计算机认识的汉字。这时，因为输入的是"田"这个汉字，等水流流过整个水管网络，计算机就会跑到管道出口位置去看一看，是不是标记由"田"字的管道出口流出来的水流最多。如果是这样，就说明这个管道网络符合要求。如果不是这样，就调节水管网络里的每一个流量调节阀，让"田"字出口"流出"的水最多。

调节每一个阀门的过程，称为模型训练。随着高算力的 GPU 出现，通过巨量的运行过程，训练计算调好所有阀门，让出口处的流量符合要求，如图 4-9 所示。

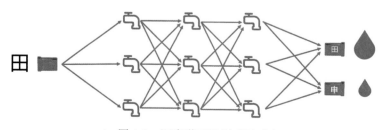

▲ 图 4-9　深度学习识别"田"字

下一步，学习"申"字时，就用类似的方法，把每一张写有"申"字的图片变成一大堆数字组成的水流，灌进水管网络，观察是不是写有"申"字的那个管道出口流水最多，如果不是，再调整所有的阀门。这一次，既要保证刚才学过的"田"字不受影响，也要保证新的"申"字可以被正确处理，如图 4-10 所示。

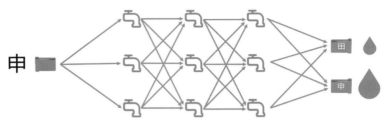

▲ 图 4-10 深度学习识别"申"字

如此反复进行，直到所有汉字对应的水流都可以按照期望的方式流过整个水管网络。这时，这个水管网络就是一个训练好的深度学习模型。当大量汉字被这个管道网络处理，所有阀门都调节到位后，整套水管网络就可以用来识别汉字了。

与训练时做的事情类似，未知的图片会被计算机转变成数据的水流，灌入训练好的水管网络。这时，计算机只要观察一下，哪个出水口流出来的水流最多，这张图片写的就是哪个字。深度学习可以理解为一个用人类的数学知识与计算机算法构建起来的整体架构，再结合尽可能多的训练、大量的数据与运算能力去调节内部参数，尽可能逼近问题目标的半理论、半经验的建模方式。

常用的深度学习算法包括深度神经网络 (DNN)、卷积神经网络 (CNN)、循环神经网络 (RNN)、对抗生成网络 (GAN)、强化学习 (RL) 等，如图 4-11 所示。

▲ 图 4-11 深度学习典型算法

⚙ 4.5 深度神经网络

深度神经网络 (Deep Neural Networks，DNN) 是从简单的神经网络逐步发展形成的。刚开始的神经网络结构非常简单，层数为一到两层，而且没有隐藏层，因此其功能在很大程度上受到限制。当时也有人尝试把神经网络设置成为更高层数，但是均会发生各种各样的问题。直到 2006 年，计算机的蓬勃发展以及大算力 GPU 的出现，为深度学习提供了算力和数据集，DNN 才显现出它的面貌。简单的神经网络结构一般如图 4-12 所示，图中每个圆圈都是一个神经元，每条线表示神经元之间的连接。从图中可以看到，神经网络被分成多层，层与层之间的神经元有连接,而层内之间的神经元之间没有连接。最左边的层叫作输入层，负责接收输入数据；最右边的层叫作输出层，获取神经网络输出数据。输入层和输出层之间的层叫作隐藏层。隐藏层比较多 (隐藏层层数大于 2) 的神经网络叫做深度神经网络。由权重参数 W 与上一层的值通过相乘相加，并且加上偏置项得到当前层的值，其相乘相加的过程对应于数学中的矩阵相乘。矩阵相乘一般是线性变化，因此可通过激活函数来增加神经网络模型的非线性，没有激活函数的各层都相当于矩阵相乘。

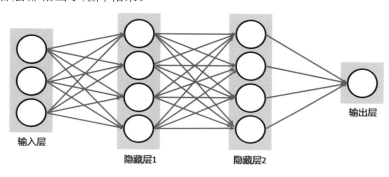

▲ 图 4-12　简单的神经网络结构

⚙ 　4.6　卷积神经网络

卷积神经网络 (Convolutional Neural Network，CNN) 是一类包含卷积计算且具有深度结构的前馈神经网络 (Feedforward Neural Network),是深度学习 (Deep Learning) 的代表算法之一。它将大数据量的图片有效地降维成小数据量的图片 (并不影响结果)，能够保留图片的特征，类似人类的视觉原理。

CNN 主要包括卷积层、池化层和全连接层。卷积层的主要作用是保留图片的特征；池化层的主要作用是把数据降维，可以有效地避免过拟合；全连接层可根据不同任务输出我们想要的结果。

CNN 一般应用在图片分类与检索、目标定位检测、目标分割、人脸识别和骨骼识别等方面。CNN 除了包含执行目标识别任务的 AlexNet(2012 年 ImageNet 冠军) 等深度卷积网络，还包括很多优秀的模型用于处理目标检测、语义分割和超分辨率等任务。它们以不同的方式应用卷积过程处理不同的任务，并在这些任务上产生了非常好的效果。卷积相对于最初的全连接网络有很多优秀的属性，例如它只和上一层神经元产生部分的连接，同一个卷积核可以在输入张量上重复使用，也就是说特征检测器可以在输入图像上重复检测是否有该局部特征。这是卷积网络十分优秀的属性，它大大减少了两层间参数的数量。

4.7　循环神经网络

　　循环神经网络 (Recurrent Neural Network，RNN) 是深度学习的重要组成部分，它可以让神经网络处理诸如文本、音频和视频等序列数据。它们可用来进行序列的高层语义理解、序列标记，甚至可以从一个片段生产新的序列。目前有很多人工智能应用都依赖于循环深度神经网络，在谷歌 (语音搜索)、百度 (DeepSpeech) 和亚马逊的产品中都能看到 RNN 的身影。基本的 RNN 结构难以处理长序列，然而有一种特殊的 RNN 变种即长短时记忆 (Long Short Term Memory，LSTM) 网络可以很好地处理长序列问题。这种模型能力强大，在翻译、语音识别和图像描述等众多任务中均取得里程碑式的效果。因而，循环神经网络在最近几年得到了广泛使用。

　　循环神经网络是一种能有效处理序列数据的算法，比如文章内容、语音音频、股票价格走势。它之所以能处理序列数据，是因为在序列中前面的输入也会影响到后面的输出，相当于有了"记忆功能"。但是 RNN 存在严重的短期记忆问题，即长期数据对它的影响很小 (哪怕是重要的信息)。于是基于 RNN 出现了 LSTM 和 GRU 等变种算法。RNN 主要应用于文本生成、语音识别、机器翻译、生成图像描述、视频标记等方面。

4.8　对抗生成网络

　　对抗生成网络 (Generative Adversarial Network，GAN) 是一种深度学习模型，是近年来复杂分布上无监督学习最具前景的方法之一。模型通过框架中 (至少) 两个模块：生成模型 (Generative Model) 和判别模型 (Discriminative Model) 的互相博弈学习产生相当好的输出。原始 GAN 理论中，并不要求 G 和 D 都是神经网络，只需要是能拟合相应生成和判别的函数即可。一般均使用深度神经网络作为 G 和 D。一个优秀的 GAN 应用需要有良好的训练方法，否则可能由于神经网络模型的自由性而导致输出不理想。

　　这里以生成图片为例进行对抗生成网络的原理说明。假设有两个网络，G(Generator) 和 D(Discriminator)。正如它们的名字所表示的那样，它们的功能分别是：G 是一个生成图片的网络，它接收一个随机的噪声 z，通过这个噪声生成图片，记做 G(z)；D 是一个判别图片的网络，判别一张图片是不是"真实的"，它的输入参数是 x，x 代表一张图片，输出 D(x) 代表 x 为真实图片的概率，如果输出为 1 就代表 100% 是真实的图片，而输出为 0 就代表不是真实的图片。

　　在训练过程中，生成网络 G 的目标就是尽量生成真实的图片去欺骗判别网络 D。而 D 的目标就是尽量把 G 生成的图片和真实的图片区分开来。这样，G

和 D 就构成了一个动态的"博弈过程"。最后博弈的结果是：在最理想的状态下，G 可以生成足以"以假乱真"的图片。对于 D 来说，它难以判定 G 生成的图片究竟是不是真实的。

4.9　强化学习

强化学习 (Reinforcement Learning，RL) 将深度学习的感知能力和强化学习的决策能力相结合，可以直接根据输入图像进行控制，是一种更接近人类思维方式的人工智能方法。强化学习强调如何基于环境而行动，以取得最大化的预期利益。其灵感来源于心理学中的行为主义理论，即有机体如何在环境给予的奖励或惩罚的刺激下，逐步形成对刺激的预期，产生能获得最大利益的习惯性行为。

强化学习算法的思路非常简单，以游戏为例，如果在游戏中采取某种策略可以取得较高的得分，那么就进一步强化这种策略，以期继续取得较好的结果。这种策略与日常生活中的各种绩效奖励非常类似。在 Flappy Bird 游戏中，通过简单地点击操作来控制小鸟躲避各种水管，小鸟飞得越远越好，这样就能获得更高的积分奖励。

典型的强化学习场景：机器有一个明确的小鸟角色——代理；需要控制小鸟飞得更远——目标；整个游戏过程中需要躲避各种水管——环境；躲避水管的方法是让小鸟用力飞一下——行动；飞得越远，就会获得越多的积分——奖励，如图 4-13 所示。

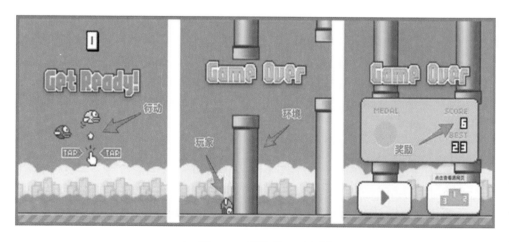

▲ 图 4-13　强化学习示意图

强化学习会在没有任何标签的情况下，尝试做出一些行为得到一个结果，通过这个结果是对还是错的反馈，调整之前的行为，就这样不断调整，算法能够学习到在什么样的情况下选择什么样的行为可以得到最好的结果。

4.10　深度学习框架

　　武侠小说里剑法高超的侠客手中的剑名称不一，用法也不同，但却能凭此一较高下。深度学习也是一样，需要这样的剑来展现剑招和较量，而这些剑就是深度学习框架。深度学习框架是帮助使用者进行深度学习的工具，它的出现降低了深度学习入门的门槛，不需要从复杂的神经网络开始编代码，就可以根据需要使用现有的模型。各种开源深度学习框架也层出不穷，其中包括 Caffe、TensorFlow、PyTorch、MXNet、Keras 等。不同框架之间的好与坏没有一个统一的标准，下面对一些常用框架进行简单介绍。

1. Caffe

　　Caffe 的全称是 Convolutional Architecture for Fast Feature Embedding，它是一个清晰、高效的深度学习框架，核心语言是 C++，支持命令行、Python 和 MATLAB 接口。使用 Caffe 比较困难的是搭建环境和编写代码，由于 Visual Studio 版本更迭以及一些相关必备运行库的编译过程复杂的问题，使用 Caffe 的研究人员相较于之前大幅度减少，而且如果希望模型可以在 GPU 训练，还需要自己实现基于 C++ 和 CUDA 语言的层，这使得编程难度很大，对入门人员也不友好。

2. TensorFlow

　　TensorFlow 是一经推出就大获成功的框架，采用静态计算图机制，编程接口支持 C++、Java、Go、R 和 Python，同时也集成了 Keras 框架的核心内容。此外，TensorFlow 由于使用 C++ Eigen 库，便可在 ARM 架构上编译和模型训练，因此可以在各种云服务器和移动设备上进行模型训练，而华为云的多模态开发套件 HiLens Kit 已经利用 TensorFlow 这一特点具备了开发框架的搭载、外部接口的管理和算子库封装等功能，可一键部署和一键卸载。可以说 TensorFlow 使得 AI 技术在企业中得到了快速发展和广泛关注，也使得越来越多的人使用深度学习进行工作。

3. PyTorch

　　PyTorch 的前身是 Torch，底层和 Torch 框架一样，Python 重写之后灵活高效，采用动态计算图机制，相比 TensorFlow 更简洁，且面向对象，其抽象层次高，对于环境搭建可能是最方便的框架之一。现如今，很多论文中都涉及 PyTorch，其代码和教程也非常多，对入门人员友好，计算速度快，代码易于阅读。许多企业也使用 PyTorch 作为研发框架。不得不说 PyTorch 真的是一个非常厉害的深度学习工具。

4. MXNet

　　MXNet 的支持语言众多，例如 C++、Python、MATLAB 和 R 等，同样

可以在集群、移动设备和 GPU 上部署。MXNet 集成了 Gluon 接口，就如同 Torchvision 之于 PyTorch，而且支持静态图和动态图。然而由于推广力度不够 使其并没有像 PyTorch 和 TensorFlow 那样受关注，不过其分布式支持却是非常 闪耀的一个特点。

5. Keras

Keras 类似接口而非框架，容易上手，研究人员可以在 TensorFlow 中看到 Keras 的一些实现，很多初始化方法在 TensorFlow 中都可以使用 Keras 函数接 口直接调用实现。然而缺点在于封装过重，不够轻盈，许多代码的 bug 可能无 法显而易见。此框架使用最少的程序代码、花费最少的时间就可以建立深度学 习模型，进行训练、评估和预测。

项目实训

【项目目标】

本项目通过三个任务：房价预测、文字识别、Flippy Bird 游戏，分别体验 与掌握机器学习、深度学习、强化学习算法的应用开发，具体见各任务目标。

任务一 房价预测

■ 任务目标

通过对爬取到的第三方房屋中间商网站的数据进行分析，使用可视化模块 工具 Matplotlib，对房价进行可视化分析与展示，并分别采用机器学习算法二元 线性回归和多元线性回归进行预测、展示、分析、对比。使读者能够：

(1) 完整地体验机器学习算法的应用开发。

(2) 掌握数据清洗、分析、可视化以及机器学习算法的基本用法。

■ 任务实现

1. Pandas 数据导入

北京的房价信息表名为 bj_house_information.csv，此表是通过爬虫爬取的 房价数据，包括朝向、地点、电梯、楼层、小区名称、Id、户型、房屋总价、 区域、装修、建筑面积和楼龄信息，如图 4-14 所示。

房价预测实验 手册

房价预测实训

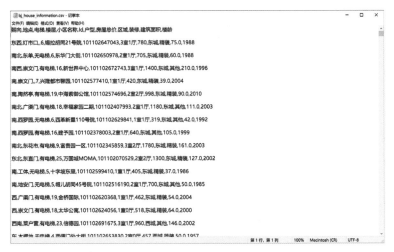

▲ 图 4-14　房价信息表

北京的房价信息表是 CSV 格式的，CSV 是逗号分隔值文件格式，可以用电脑自带的记事本或 Excel 打开。CSV 文件以纯文本形式存储表格数据 (数字和文本)。CSV 文件由任意数目的记录组成，记录间以某种换行符分隔；每条记录由字段组成，字段间的分隔符是其他字符或字符串，最常见的是逗号或制表符。所有记录都有完全相同的字段序列，通常都是纯文本文件。

CSV 文件读取以及数据分析一般采用 Pandas 进行处理。Pandas 是一个强大的分析结构化数据的工具集，其基础是使用 Numpy 提供高性能的矩阵运算。当读入 CSV 文件后，Pandas 可以对数据进行运算操作，比如归并、再成形、选择，还有数据清洗和数据加工特征。Pandas 广泛应用在学术、金融、统计学等各个数据分析领域，因此本文对房价通过 Pandas 工具进行数据清洗、处理、分析。

2. Pandas 数据结构以及入门程序

Pandas 的主要数据结构是 Series(一维数据) 与 DataFrame(二维数据)，这两种数据结构足以处理金融、统计、社会科学、工程等领域里的大多数典型用例。Series 是一种类似于一维数组的对象，它由一组数据 (各种 Numpy 数据类型) 以及一组与之相关的数据标签 (即索引) 组成。DataFrame 是一个表格型的数据结构，它含有一组有序的列,每列可以是不同的值类型 (数值、字符串、布尔型值)。DataFrame 既有行索引也有列索引，它可以被看作由 Series 组成的字典 (共同用一个索引)。

下面通过一个入门的 Pandas 程序来说明 Pandas 数据，如果要定义两列数据：班级名称、班级人数。每列数据一共存取 3 个班级的记录，如图 4-15 所示。

	班级名称	班级人数
0	人工智能1班	50
1	人工智能2班	60
2	人工智能3班	70

▲ 图 4-15　Pandas 数据

代码路径为 hello_pandas.py。示例代码如下：

```
import pandas as pd
mydataset = {
' 班级名称 ': [" 人工智能 1 班 ", " 人工智能 2 班 ", " 人工智能 3 班 "],
' 班级人数 ': [50, 60, 70]
}
myvar = pd.DataFrame(mydataset)
print(myvar)
```

3. Pandas 数据结构 Series 使用方法

Pandas Series 类似表格中的一个列 (Column)，类似于一维数组，可以保存任何数据类型。Series 由索引 (Index) 和列组成，函数如下：

pandas.Series(data，index，dtype，name，copy)

参数说明：

(1) data：一组数据 (Ndarray 类型)。

(2) index：数据索引标签，如果不指定初值，默认从 0 开始。

(3) dtype：数据类型，默认会自己判断。

(4) name：设置名称。

(5) copy：拷贝数据，默认为 False。

通过定义一个列表 a，转为对应 Series 数据类型，即定义一个列数据。

代码路径为 hello_series.py。示例代码如下：

```
a = [1, 2, 3]
myvar = pd.Series(a)
print(myvar)
```

运行结果如图 4-16 所示。

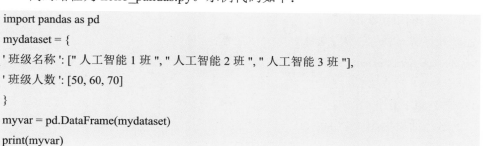

```
0    1
1    2
2    3
dtype: int64
```

▲ 图 4-16 Series 数据类型

如果没有指定索引，会自动添加索引值，索引值就从 0 开始，可以根据索引值读取数据。示例代码如下：

```
import pandas as pd
a = [1, 2, 3]
myvar = pd.Series(a)
print(myvar[1])
```

输出结果值为 2。

在定义数据时，可以自己定义索引值 index，读取数据需要根据索引值获取数据。示例代码如下：

```
a = [" 人工智能 1 班 ", " 人工智能 2 班 ", " 人工智能 3 班 "]
myvar = pd.Series(a, index = ["x", "y", "z"])
print(myvar)
print(myvar["y"])
```

运行结果如图 4-17 所示。

```
x       人工智能1班
y       人工智能2班
z       人工智能3班
dtype: object
人工智能2班
```

▲　图 4-17　运行结果

4. Pandas 数据结构 DataFrame 使用方法

Pandas DataFrame 是一个表格型的数据结构，它含有一组有序的列，每列可以是不同的值类型 (数值、字符串、布尔型值)，如图 4-18 所示。

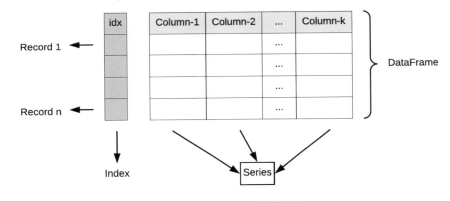

▲　图 4-18　Pandas 数据组成

DataFrame 既有行索引，也有列索引，它可以被看作由 Series 组成的字典 (共用一个索引)，如图 4-19 所示。

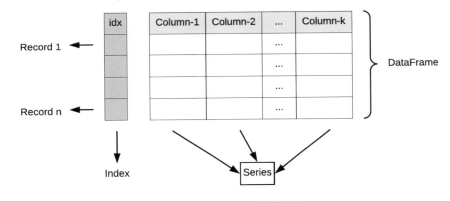

▲　图 4-19　DataFrame 与 Series 关系

DataFrame 构造方法如下：

pandas.DataFrame(data，index，columns，dtype，copy)，参数说明如表 4-1 所示。

表 4-1　DataFrame 参数说明

参　数	说　明
data	一组数据 (Ndarray、Series、Map、Lists、Dict 等类型)
index	索引值 (行标签)
columns	列标签，默认为 RangeIndex (0, 1, 2, …, n)
dtype	数据类型
copy	拷贝数据，默认为 False

　　Pandas DataFrame 是一个二维的数组结构，类似二维数组。下面代码是定义一个 DataFrame 数据，并且将定义好的列表数据作为 DataFrame 数据。Pandas 可以使用 loc 属性返回指定行的数据，如果没有设置索引，第一行索引为 0，第二行索引为 1，依次类推。

　　代码路径为 hello_dataframe.py。示例代码如下：

```
import pandas as pd
data = {
"班级"：[" 人工智能 1 班 ", " 人工智能 2 班 ", " 人工智能 3 班 "],
"人数"：[49, 60, 62]
}
# 数据载入到 DataFrame 对象
df = pd.DataFrame(data)
print(df)
# 返回第一行
print(df.loc[0])
# 返回第二行
print(df.loc[1])
```

　　运行结果如图 4-20 所示。

```
        班级   人数
0   人工智能1班   49
1   人工智能2班   60
2   人工智能3班   62
班级      人工智能1班
人数          49
Name: 0, dtype: object
班级      人工智能2班
人数          60
Name: 1, dtype: object
```

▲ 图 4-20　DataFrame 数据类型

5. CSV 文件读取

Pandas 数据与 CSV 数据结构非常相似，因此用 Pandas 可以很方便地处理 CSV 文件。

通过 Pandas 读取北京的房价信息，北京的房价信息文件为 CSV 格式，使用 head() 打印前面 5 行数据，columns 打印数据表头数据，代码路径为 1read_csv_file.py。通过这种方式，可以快速对数据进行了解。示例代码如下：

```python
import pandas as pd
# 导入二手房数据
house_price_df = pd.read_csv('bj_house_information.csv')
# 打印前 5 行数据
print(house_price_df.head())
# 打印列名
print(house_price_df.columns)
```

运行结果如图 4-21 所示。

```
    朝向   地点   电梯   楼层      小区名称     ...   房屋总价  区域  装修  建筑面积   楼龄
0   东西   灯市口  NaN   6     锡拉胡同21号院  ...   780.0  东城  精装   75.0  1988
1   南北   东单   无电梯  6      东华门大街   ...   705.0  东城  精装   60.0  1988
2   南西   崇文门  有电梯  16     新世界中心   ...  1400.0  东城  其他  210.0  1996
3   南    崇文门  NaN   7     兴隆都市馨园   ...   420.0  东城  精装   39.0  2004
4   南    陶然亭  有电梯  19    中海紫御公馆   ...   998.0  东城  精装   90.0  2010

[5 rows x 12 columns]
Index(['朝向', '地点', '电梯', '楼层', '小区名称', 'Id', '户型', '房屋总价', '区域', '装修', '建筑面积',
       '楼龄'],
      dtype='object')
```

▲ 图 4-21　CSV 数据

可以使用下面的 Pandas 数据函数得到对应数据的一些数据信息，如表 4-2 所示。

表 4-2　房价信息的 Pandas 函数打印

函　数	功　能
house_price_df.describe()	给出行数和列数
house_price_df.head(3)	打印数据的前 3 行
house_price_df.tail()	打印对应数据的最后 1 行
house_price_df.loc[8]	打印第 8 行
house_price_df.loc[8,column_1]	打印第 8 行名为「column_1」的列
house_price_df.loc[range(4,6)]	第 4 ～ 6 行（左闭右开）的数据子集

6. 重要数据的处理方法

由于原始的数据包括了朝向、地点、电梯、楼层、小区名称、Id、户型、房屋总价、区域、装修、建筑面积和楼龄数据，有一些数据对于房价影响不大，或者基本上没有影响，因此通过下面程序删除一些列数据。如果要获得列的表头可以使用 columns 打印数据表头数据，然后根据实际需要选择删除的数据。例如在房价预测过程中删除 Id、朝向、电梯、装修、楼层、小区名称、地点和楼龄的列数据。

代码路径为 2drop_columns.py。示例代码如下：

```python
import pandas as pd
# 二手房数据
house_price_df = pd.read_csv('bj_house_information.csv')
# 删除一些不重要的列
to_drop = ['Id', ' 朝向 ', ' 电梯 ', ' 装修 ', ' 楼层 ', ' 小区名称 ', ' 地点 ', ' 楼龄 ']
house_price_df_clean = house_price_df.drop(to_drop, axis=1)
# 显示列名
print(house_price_df_clean.columns)
print(house_price_df_clean.head())
```

运行结果如图 4-22 所示，看到只显示与房价关系大的数据列。

```
Index(['户型', '房屋总价', '区域', '建筑面积'], dtype='object')
     户型      房屋总价    区域    建筑面积
0  3室1厅      780.0    东城     75.0
1  2室1厅      705.0    东城     60.0
2  3室1厅     1400.0    东城    210.0
3  1室1厅      420.0    东城     39.0
4  2室2厅      998.0    东城     90.0
```

▲ 图 4-22　显示与房价关系大的数据列

7. 调整重要列数据位置的方法

为了使数据更容易查看，同时满足训练与预测的要求，需要将列位置进行调整，将房屋总价放在第一列的位置，并且打印房价数据集总数量。

可以使用下面的 Pandas 数据函数进行数据行列的处理，如表 4-3 所示。

表 4-3　Pandas 数据行列处理

函　　数	功　　能
df.drop(5)	删除第 5 行
df.drop([1,4]) 或者 df.drop(index=[1,4])	删除第 1 和第 4 行
df.drop(5,axis=1)	删除第 5 列
df.drop([' 列 1',' 列 2'],axis=1) 或者 df.drop(columns=[' 列 1',' 列 2'])	删除第 1 和第 2 列

进行列数据位置处理的代码路径为 3reorder_columns.py。示例代码如下：

```python
import pandas as pd
# 二手房数据
house_price_df = pd.read_csv('bj_house_information.csv')
# 删除一些不重要的列
to_drop = ['Id', ' 朝向 ', ' 电梯 ', ' 装修 ', ' 楼层 ', ' 小区名称 ', ' 地点 ', ' 楼龄 ']
house_price_df_clean = house_price_df.drop(to_drop, axis=1)
# 显示列名
print(house_price_df_clean.columns)
print(house_price_df_clean.head())
# 重新摆放列位置
columns = [' 房屋总价 ', ' 建筑面积 ', ' 区域 ',' 户型 ']
house_price_df_clean = pd.DataFrame(house_price_df_clean, columns = columns)
print(house_price_df_clean.head())
house_total_num = house_price_df_clean[' 建筑面积 '].count()
print(' 房价数据集总数量为 : ' + str(house_total_num))
```

运行结果如图 4-23 所示。

```
Index(['户型', '房屋总价', '区域', '建筑面积'], dtype='object')
       户型      房屋总价    区域    建筑面积
0    3室1厅      780.0    东城     75.0
1    2室1厅      705.0    东城     60.0
2    3室1厅     1400.0    东城    210.0
3    1室1厅      420.0    东城     39.0
4    2室2厅      998.0    东城     90.0
      房屋总价    建筑面积    区域    户型
0     780.0     75.0    东城   3室1厅
1     705.0     60.0    东城   2室1厅
2    1400.0    210.0    东城   3室1厅
3     420.0     39.0    东城   1室1厅
4     998.0     90.0    东城   2室2厅
房价数据集总数量为:  23677
```

▲　图 4-23　调整重要列数据

8. 房价散点图展示

先通过将房屋总价与建筑面积两列数据取出来，然后使用 scatter 方法将房价与面积的关系用散点图的方式在图上进行呈现。如图 4-24 所示，通过观察数据，可以发现数据在某一个方向呈直线分布，而且整体随着房屋建筑面积增大，房屋总价也在增长。另外在图中可以看到一些异常点，例如建筑面积为 0 的点。这是因为在数据爬取时出错了，或者本来就没有登记建筑面积，这些数据会干扰机器算法的正确性，后面章节将通过数据清洗去掉这些异常点。

代码路径为 4plt_area_price.py。示例代码如下：

```
import matplotlib.pyplot as plt
area = house_price_df_clean[' 建筑面积 ']
price = house_price_df_clean[' 房屋总价 ']
# 支持中文，如果不加此句将无法显示中文
plt.rc('font', family='SimHei', size=13)
plt.scatter(area,price)
plt.xlabel(" 建筑面积 ")
plt.ylabel(" 房屋总价 ")
plt.show()
```

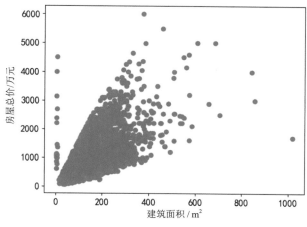

▲　图 4-24　房价散点图

9. 数据清洗方法

由于在爬取网站数据时，有一些数据是异常或缺失的，如有些房价是 0 等，这些数据会影响房价预测准确性，甚至导致后续数据读取时程序崩溃，因此需要对一些数据异常点进行清洗。

同时通过以下计算房屋单价，即房屋单价 df[' 房屋单价 '] = df[' 房屋总价 ']/df[' 建筑面积 ']。

代码路径为 5data_clean.py。示例代码如下：

```
# 数据清洗
df = house_price_df_clean
df[' 房屋单价 '] = df[' 房屋总价 ']/df[' 建筑面积 ']
# 对汇总数据再次清洗
df.dropna(how='any')
df.drop_duplicates(keep='first', inplace=True)
# 一些别墅的房屋单价有异常，筛选价格少于 25 万一平方米的房源
df = df.loc[df[' 房屋单价 ']<25]
import matplotlib.pyplot as plt
```

```
area = df[' 建筑面积 ']
price = df[' 房屋总价 ']
# 支持中文，如果不加此句将无法显示中文
plt.rc('font', family='SimHei', size=13)
plt.scatter(area,price)
plt.xlabel(" 建筑面积 ")
plt.ylabel(" 房屋总价 ")
plt.show()
```

运行结果如图 4-25 所示。

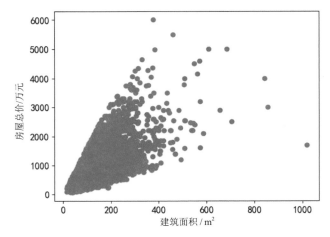

▲ 图 4-25 去掉异常房价散点图

10. 房价区域竖直条形图展示

通过对北京市各个区域二手房的平均价格与数量进行统计，采用竖直条形图进行展示。使用 df.groupby 将所有样本点按照一个或多个属性划分为多个组，将二手房按区域分组来对比二手房数量和每平方米房价。示例代码如下：

```
df_house_count = df.groupby(' 区域 ')[' 房屋总价 '].count().sort_values(ascending =False)
df_house_mean = df.groupby(' 区域 ')[' 房屋单价 '].mean().sort_values(ascending=False)
```

plt.bar 主要生成条形图界面，具体参数如表 4-4 所示。

表 4-4 plt.bar 参数说明

参数	说　明	类　　型
X	x 坐标	整型 int，浮点型 float
Height	条形的高度	整型 int，浮点型 float
Width	条形的宽度	取值范围为 0 ～ 1，默认为 0.8
Botton	条形的起始位置	y 轴的起始坐标
Align	条形的中心位置	中心 center，边缘 lege

续表

参数	说　明	类　　型
Color	条形的颜色	红色 "R"，蓝色 "B"，绿色 "G"，默认为 "B"
Edgecolor	边框的颜色	同上
Linewidth	边框的宽度	像素，默认无，整型 int
tick_label	下标的标签	可以是元组类型的字符组合
Log	y 轴使用科学计算法表示	布尔型 bool
Orientation	是竖直条还是水平条	竖直条为 vertical，水平条为 horizontal

代码路径为 hello_bar.py。示例代码如下：

```python
import numpy as np
import matplotlib.pyplot as plt
import matplotlib
# 将全局的字体设置为黑体
matplotlib.rcParams['font.family'] = 'SimHei'
# 数据
N = 5
y = [20, 10, 30, 25, 15]
x = np.arange(N)
# 绘图 x 轴，以 y 值作为条形图的高度
p1 = plt.bar(x, height=y, width=0.5, )
# 展示图形
plt.show()
```

运行效果如图 4-26 所示。

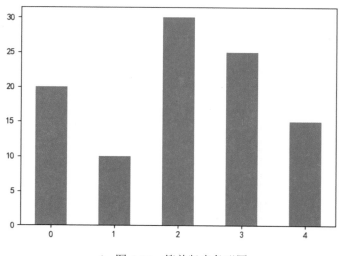

▲ 图 4-26　简单竖直条形图

使用 subplot 设置两个子图对房价进行分析，代码路径为 6plt_bar.py。示例代码如下：

```
import matplotlib.pyplot as plt
import numpy as np
plt.figure(figsize=(20, 10))
plt.rc('font', family='SimHei', size=13)
plt.style.use('ggplot')
# 各区域二手房数量对比
plt.subplot(212)
plt.title(u' 各区域二手房数量对比 ', fontsize=20)
# 设置纵坐标的标签
plt.ylabel(u' 二手房总数量（单位：间 )', fontsize=15)
rect1 = plt.bar(np.arange(len(df_house_count.index)), df_house_count.values, color='c')
auto_tag(rect1, offset=[-1, 0])
# 各区域二手房平均价格对比
plt.subplot(211)
plt.title(u' 各区域二手房平均价格对比 ', fontsize=20)
plt.ylabel(u' 二手房平均价格（单位：万元 / 平方米 )', fontsize=15)
# 区域名称，每个区域的二手房平均价格
rect2 = plt.bar(np.arange(len(df_house_mean.index)), df_house_mean.values, color='c')
auto_xtricks(rect2, df_house_mean.index)
auto_tag_float(rect2, offset=[-1, 0])
plt.show()
```

运行结果如图 4-27 所示。

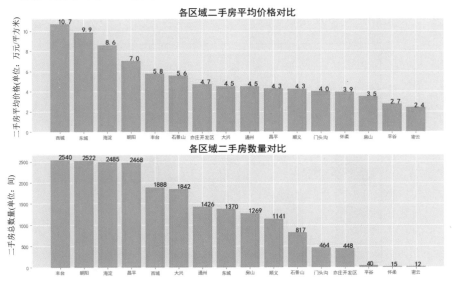

▲ 图 4-27　房价简单竖直条形图

11. 区域房子数量饼图展示

使用 plt.pie 实现画饼状图，将各个区域上的二手房数量进行显示。

代码路径为 show_pie.py。示例代码如下：

```python
# 导入模块
import matplotlib.pyplot as plt
# 数据
labels = ["A", "B", "C", "D"]
fracs = [15, 30, 45, 10]
# 画图
plt.pie(x=fracs, labels=labels)
# 展示
plt.show()
```

运行结果如图 4-28 所示。

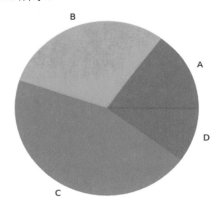

▲ 图 4-28　简单饼图

将房价按区域进行单价与数据的显示。代码路径为 7plt_pie.py。示例代码如下：

```python
import matplotlib.pyplot as plt
plt.rc('font', family='SimHei', size=13)
plt.style.use('ggplot')
plt.figure(figsize=(10, 10))
plt.title(u' 各区域二手房数量百分比 ', fontsize=18)
explode = [0] * len(df_house_count)
explode[0] = 0.2
plt.pie(df_house_count, radius=3, autopct='%1.f%%', shadow=True, labels=df_house_
        count.index)
plt.axis('equal')
plt.show()
```

运行结果如图 4-29 所示。

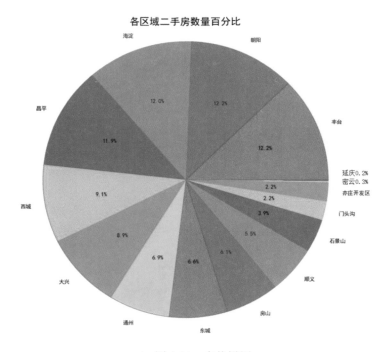

▲ 图 4-29 房价饼图

二手房数量：从数量统计上，可以看出目前二手房市场上比较火热的区域。朝阳区二手房数量最多，然后是海淀区。

二手房均价：西城区的房价最贵，均价大约为 11 万元 / 平，因为西城在二环以里，且是热门学区房的聚集地。其次是东城区，大约为 10 万元 / 平方米。然后是海淀区，大约为 8.5 万元 / 平方米。其他区域均低于 8 万元 / 平方米。

12. 一元线性回归预测房价

线性回归是用法非常简单、用处非常广泛、含义也非常容易理解的一类算法，是机器学习入门比较容易的一种算法。一元线性回归就是要找一条直线，并且让这条直线尽可能地拟合图中的数据点。因此先根据建筑面积和房屋总价利用一元线性回归拟合一条房价预测曲线。

代码路径为 8linearregression.py。示例代码如下：

```
# 先根据建筑面积和房屋总价训练模型 ( 一元线性回归 )
from sklearn.linear_model import LinearRegression
import numpy as np
linear = LinearRegression()
area = np.array(area).reshape(-1,1)
# 这里需要注意新版的 sklearn 需要将数据转换为矩阵才能进行计算
price = np.array(price).reshape(-1,1)
# 训练模型
model = linear.fit(area,price)
```

```
# 打印截距和回归系数
print(model.intercept_, model.coef_)
# 线性回归可视化（数据拟合）
linear_p = model.predict(area)
plt.figure(figsize=(12,6))
plt.scatter(area,price)
plt.plot(area,linear_p,'red')
plt.xlabel（"建筑面积"）
plt.ylabel（"房屋总价"）
plt.show()
```

运行结果如图 4-30 所示。

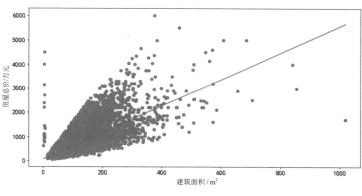

▲ 图 4-30　一元线性回归

13. 多元线性回归预测房价

在一元线性回归过程中只考虑了建筑面积和房屋总价之间的关系，但是实际还有其他很多因素影响房价，因此引入四个自变量 (['建筑面积','区域','装修','电梯']) 进行多元线性回归。

运行代码：9multi_variable_regression.py，实现根据建筑面积和房屋总价训练一元线性回归模型。运行效果如图 4-31 所示。

结合本项目中的房价预测任务，在房价预测过程中采用线性回归，考虑一下能否采用其他的机器学习算法实现房价预测呢？

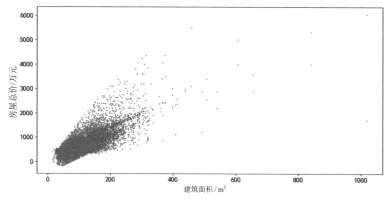

▲ 图 4-31　多元线性回归

如图 4-31 所示，图中绿色点表示原始的房价点，蓝色点是多元线性回归模型预测值，图中红色是输入自己房子的属性 (房子面积 120 平方米，区域东城，精装，有电梯) 得到房屋总价预测值。

■ 任务一总结

本任务使用机器学习方法实现对房价数据的预测，通过对数据进行读取、处理、清洗和展示，构建机器学习二元以及多元线性模型完成对房价预测。对模型进行训练后，并对模型做了调用与测试。通过本任务可以完整地体验利用机器学习算法实现房价预测的应用开发流程。读者可使用同样的算法来解决现实生活中类似问题，通过数据处理、清洗、展示，对算法模型参数进行调优，提高使用机器学习方法解决实际问题的能力。

■ 任务一实践报告

任务一实践报告			
任务一名称			
姓名		学号	
小组名称			
实施过程记录			
测试结果总结			
后期改进思考			

成员分工			
姓名	职责	完成情况	组长评分

考核评价

评价标准：

1. 执行力：按时完成任务一。
2. 学习力：知识技能的掌握情况。
3. 表达力：实施报告翔实、条理清晰。
4. 创新力：在完成基本任务之外，有创新、有突破者加分。
5. 协作力：团队分工合理、协作良好，组员得分在项目组得分基础上根据组长评价上下浮动。

任务二　文字识别 (OCR)

■ 任务目标

应用深度学习技术进行验证码图像识别，编写程序自动生成验证码数据集、采用 OpenCV 进行验证码分割、利用深度学习框架 Keras 进行模型搭建与训练、最后读取模型进行验证码识别，使读者能够：

(1) 完整地体验利用深度学习算法完成验证码图像识别的应用开发。

(2) 掌握图像数据生成、处理、读取等操作技能。

(3) 掌握深度学习框架进行模型搭建、训练与预测的方法。

■ 任务实现

本项目的主要流程：灰度→二值化→去干扰线及噪点→切割成单个字符→标注→识别学习并得到模型→使用模型识别。

对获得的原始验证码进行处理，处理流程分为以下几步：

(1) 对图片进行灰度处理，如图 4-32 所示。

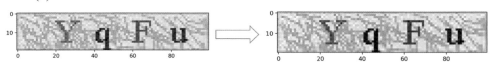

▲ 图 4-32　灰度处理

—OCR 实验手册

OCR 实训

(2) 根据自己设置的阈值，对图片进行二值化处理，如图 4-33 所示。

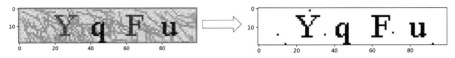

▲ 图 4-33　二值化处理

(3) 降噪处理，去除干扰的像素点及像素块，如图 4-34 所示。

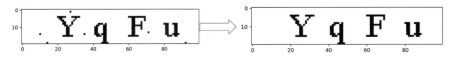

▲ 图 4-34　降噪处理

(4) 对图片进行切割，获得单个字符，并进行人工标注，如图 4-35 所示。

▲ 图 4-35　图片分割

(5) 使用卷积神经网络进行模型训练，得到模型。

(6) 使用训练得到的模型进行验证码识别。

1. 批量生成验证码

在使用深度学习框架搭建验证码识别模型时，需要大量的验证码图片。在这里，使用 captcha 模块生成验证码图片，验证码图片名称为验证码上显示的字符串。验证码支持 10 个数字加 26 个大小写英文字母，一共 62 种字符类型。通过运行程序在当前目录文件夹 pic 生成验证码。

运行代码 1gen_captcha.py，将使用代码生成随机验证码图像，运行程序后，在 pic 文件夹中输出多张图像，如图 4-36 所示。

▲ 图 4-36　验证码数据集

2. 使用 OpenCV 看到验证码

生成验证可以通过电脑的默认图片查看器查看，也可以用程序进行显示，这里采用 OpenCV 模板对图像进行读取与显示，同时还有打印图片的信息，例如图像宽高等。

代码路径为 2show_img.py。示例代码如下：

```
import cv2
file_name = "./test_img/test_img_1.png"
# 读取图像
img = cv2.imread(file_name)
# 图片大小信息
print(img.shape)
# 显示验证码图片和验证码标题
cv2.imshow("win", img)
# 窗口结束时间，如果为0，则一直显示
cv2.waitKey(0)
cv2.destroyAllWindows()
```

运行效果如图 4-37 所示。

▲ 图 4-37　验证码显示

3. 图像二值化处理

由于验证码图像是 4 个字符，因此需要对这 4 个字符进行图像处理，完成分割，得到 4 个独立的字符，字符识别是对每个字符分别进行的。为了完成字符分割，首先进行图像二值化处理，然后进行图像去噪处理，最后进行字符分离。

代码路径为 3threshold.py。示例代码如下：

```
import cv2
from matplotlib import pyplot as plt, cm
from utils.deal_image import noise_remove_cv2


def show_gray_img(img):
    plt.imshow(img, cmap=cm.gray)
    plt.show()
```

```
img = cv2.imread("./test_img/test_img_4.png")              # 读取图片
im_gray = cv2.cvtColor(img, cv2.COLOR_BGR2GRAY)            # 转换为灰度图
# 二值化处理
ret, im_inv = cv2.threshold(im_gray, 150, 255, 0)
show_gray_img(im_inv)
# 去噪处理
img_clear = noise_remove_cv2(im_inv, 1)                    # 去除噪点
show_gray_img(img_clear)
```

运行效果如图 4-38 所示。

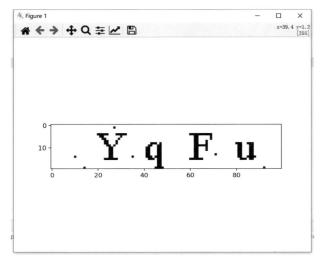

▲ 图 4-38　二值化处理

4. 图像去噪处理

进行二值化处理的图像有可能出现噪点，因此需要进行去噪处理，判断一个像素是否为噪点的方法有 4 邻域或 8 邻域判断法，即通过统计某个像素点周围 4 个或 8 个像素点中白色像素的个数来判断该像素点是否为孤立的，如图 4-39 所示，通过去噪算法可以去除孤立像素。

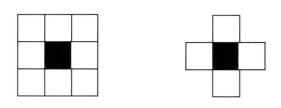

▲ 图 4-39　图像去噪处理

本步骤依赖于步骤三：图像二值化处理，因此两个合并在一起，代码路径为 3threshold.py，运行效果如图 4-40 所示。

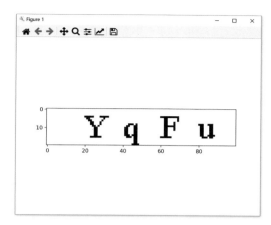

▲ 图 4-40　图像二值化处理

5. 验证码图像切割

通过前面的二值化处理以及去噪处理后，采用垂直分割投影法将 4 个字符分为 4 个单独对象。

代码路径为 3cut_vertical.py，通过采用垂直分割投影法进行图片分割，程序运行效果如图 4-41 所示。

Y	q	F	u
split1.jpg	split2.jpg	split3.jpg	split4.jpg

▲ 图 4-41　单个验证码分离

6. 批量对图像进行处理

上述步骤实现对一张验证码图像进行处理，下面搜索一个文件夹中所有验证码图像，并进行预处理以及图像分割。

代码路径为 3all_img_cut.py，实现对所有图像进行图像分割，运行程序结果如图 4-42 所示。

p	Q	8	t	B	S	e	y	V
image1_1.jpg	image1_2.jpg	image1_3.jpg	image1_4.jpg	image2_1.jpg	image2_2.jpg	image2_3.jpg	image2_4.jpg	image3_1.jpg
j	r	e	z	E	f	f	3	9
image3_2.jpg	image3_3.jpg	image3_4.jpg	image4_1.jpg	image4_2.jpg	image4_3.jpg	image4_4.jpg	image5_1.jpg	image5_2.jpg
y	9	u	s	i	r	X	s	N
image5_3.jpg	image5_4.jpg	image6_1.jpg	image6_2.jpg	image6_3.jpg	image6_4.jpg	image7_1.jpg	image7_2.jpg	image7_3.jpg
g	P	u	g	k	W	z
image7_4.jpg	image8_1.jpg	image8_2.jpg	image8_3.jpg	image8_4.jpg	image9_1.jpg	image9_2.jpg	image9_3.jpg	image9_4.jpg
P	u	L	P	4	u	5	4	u
image10_1.jpg	image10_2.jpg	image10_3.jpg	image10_4.jpg	image11_1.jpg	image11_2.jpg	image11_3.jpg	image11_4.jpg	image12_1.jpg
10	8	W	i	3	2	2	2	3
image12_2.jpg	image12_3.jpg	image12_4.jpg	image13_1.jpg	image13_2.jpg	image13_3.jpg	image13_4.jpg	image14_1.jpg	image14_2.jpg
5	o	D	Q	L	N	P	a	a
image14_3.jpg	image14_4.jpg	image15_1.jpg	image15_2.jpg	image15_3.jpg	image15_4.jpg	image16_1.jpg	image16_2.jpg	image16_3.jpg
k	7	7	A	7	8	2	c	m
image16_4.jpg	image17_1.jpg	image17_2.jpg	image17_3.jpg	image17_4.jpg	image18_1.jpg	image18_2.jpg	image18_3.jpg	image18_4.jpg
b	P	V	R	G	H	a	p	X
image19_1.jpg	image19_2.jpg	image19_3.jpg	image19_4.jpg	image20_1.jpg	image20_2.jpg	image20_3.jpg	image20_4.jpg	image21_1.jpg
2	h	2	E	Z	b	T	g	j
image21_2.jpg	image21_3.jpg	image21_4.jpg	image22_1.jpg	image22_2.jpg	image22_3.jpg	image22_4.jpg	image23_1.jpg	image23_2.jpg

▲ 图 4-42　所有验证码图像处理

7. 数据集读取

在完成处理的数据集中，需要对所有数据进行标注，在目录 train_img 下建立大写 A ~ Z，小写 a ~ z，数字 0 ~ 9，共 62 个文件夹，将所有分割后的图像放置在对应文件夹下，如图 4-43 所示。

▲ 图 4-43　数据标注结果

当数据标注完成后，运行代码路径为 4read_data.py 中的程序将数据与标签进行处理，并且读入内存。运行程序结果如图 4-44 所示。

```
(409, 784)
(409, 62)
```

▲ 图 4-44　数据集读取结果

8. 深度学习模型训练

使用 keras 卷积神经网络来实现验证码识别。代码主要包括：导入模块，获取训练数据，定义模型，编译模型，训练模型，评估模型。将构建的模型训练完成后保存模型。如果训练过程被中断了，也可以通过程序恢复已保存模型继续进行训练。模型训练好之后，通过加载训练好的模型，就可以对验证码进行识别。

运行代码路径为 build_cnn_model.py，实现构建模型，训练模型，保存模型，完成模型训练过程。运行程序结果如图 4-45 所示。

```
Train on 327 samples, validate on 82 samples
Epoch 1/500
2022-07-30 15:22:34.986599: I tensorflow/core/platform/cpu_feature_guard.cc:14
 - 1s - loss: 4.3809 - acc: 0.0122 - val_loss: 4.9739 - val_acc: 0.0000e+00
Epoch 2/500
 - 0s - loss: 3.9995 - acc: 0.0703 - val_loss: 5.5506 - val_acc: 0.0000e+00
Epoch 3/500
 - 0s - loss: 3.3396 - acc: 0.1804 - val_loss: 6.6770 - val_acc: 0.0000e+00
Epoch 4/500
 - 0s - loss: 2.5145 - acc: 0.3517 - val_loss: 7.6845 - val_acc: 0.0000e+00
Epoch 5/500
 - 0s - loss: 1.8757 - acc: 0.5076 - val_loss: 8.3728 - val_acc: 0.0000e+00
Epoch 6/500
 - 0s - loss: 1.3481 - acc: 0.6361 - val_loss: 11.2654 - val_acc: 0.0000e+00
Epoch 7/500
 - 0s - loss: 0.9301 - acc: 0.7248 - val_loss: 12.1766 - val_acc: 0.0000e+00
Epoch 8/500
```

▲ 图 4-45　模型训练

9. 深度学习模型评估

有了训练好的模型，使用测试数据集进行模型的准确率评估。代码路径为 7model_evaluate.py。示例代码如下：

```
model = load_model('captcha.h5')        # 选取自己的 .h 模型名称
scores = model.evaluate(x_Train4D_normalize, y_TrainHot)
print('accuracy=', scores[1])
prediction = model.predict_classes(x_Train4D_normalize)
print(prediction[0])
```

运行程序结果如图 4-46 所示。

```
 32/409 [=>............................] - ETA: 1s
320/409 [=====================>.......] - ETA: 0s
409/409 [============================] - 0s 417us/step
accuracy= 0.7970660146699267
```

▲ 图 4-46　模型评估

10. 使用模型进行验证码识别

有了训练好的模型，接下来就直接使用模型进行预测。下列代码可实现模型加载和预测。

代码路径为 8predict_img.py。示例代码如下：

```python
#!/usr/bin/env python
# -*- coding: utf-8 -*-
import string
import joblib
from matplotlib import pyplot as plt, cm
from split_image import noise_remove_cv2, cut_vertical
import cv2
from keras.models import load_model
characters = string.digits + string.ascii_uppercase + string.ascii_lowercase
def ocr_img(file_name):
    captcha = []
    img = cv2.imread(file_name)
    img = cv2.resize(img, (100, 20))
    # 转换为灰度图
    im_gray = cv2.cvtColor(img, cv2.COLOR_BGR2GRAY)
    # 二值化处理
    ret, im_inv = cv2.threshold(im_gray, 140, 255, 0)
    # 去除孤立点，噪点
    img_clear = noise_remove_cv2(im_inv, 1)
    # 垂直分割投影法分割图片
    img_list = cut_vertical(img_clear)
    for i in img_list:
        # cv2.imshow("win", i)
        res1 = cv2.resize(i, (28, 28))
        data = res1.reshape(784)
        data = data.reshape(1, -1)
        shape_img = (data.reshape(1, 28, 28, 1)).astype('float32') / 255
        model = load_model('minist_model_graphic3.h5')      # 选取自己的 .h 模型名称
        prediction = model.predict_classes(shape_img)
        # print(prediction[0])
        one_letter = prediction[0]
        print(characters[one_letter])
        # one_letter = clf.predict(data)[0]
        captcha.append(one_letter)
    captcha = [str(i) for i in captcha]
    print("the captcha is :{}".format(" ".join(captcha)))
    plt.imshow(img, cmap=cm.gray)
    plt.show()
if __name__ == '__main__':
    ocr_img("./test_img/test_img_1.png")
```

识别结果如图 4-47 所示。

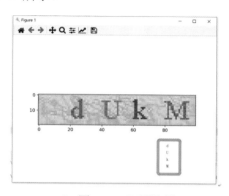

▲　图 4-47　识别结果

■ 任务二总结

　　本任务使用深度学习卷积神经网络实现对验证码的图像识别，通过对数据进行生成与处理，构建卷积神经模型，并在训练完模型后，对模型进行了评估与调用。通过本任务可以完整地体验利用卷积神经网络算法实现验证码识别的应用开发流程。读者可使用同样的算法来解决现实生活中的类似问题，通过数据处理、清洗、展示，对算法模型参数进行调优，提高使用深度学习方法解决实际问题的能力。

■ 任务二实践报告

任务二实践报告			
任务二名称			
姓名		学号	
小组名称			
实施过程记录			
测试结果总结			

后期改进思考

成员分工			
姓名	职责	完成情况	组长评分

考 核 评 价

评价标准:

1. 执行力：按时完成任务二。

2. 学习力：知识技能的掌握情况。

3. 表达力：实施报告翔实、条理清晰。

4. 创新力：在完成基本任务之外，有创新、有突破者加分。

5. 协作力：团队分工合理、协作良好，组员得分在项目组得分基础上根据组长评价上下浮动。

任务三　Flippy Bird 游戏

■ 任务目标

本任务应用强化学习技术实现计算机自己玩游戏。通过构建模型训练计算机玩游戏能力，模型训练输入数据包括游戏的每一帧的图像、小鸟的动作列表（跳跃、无操作）、计算机做出动作之后的 reward、游戏是否结束的标志。计算机获得的信息其实和人类玩家是一样的，模拟人类行为进行深度学习网络模型训练与应用，让计算机学会自己玩游戏，通过分步实现 Flippy Bird 游戏渲染、手动控制、模型构建、模型训练、自动玩游戏，使读者能够：

(1) 体验一个完整的强化学习算法让计算机自己玩游戏。

(2) 掌握游戏设计与强化学习相结合的基本用法。

■ 任务实现

1. 运行与体验 Flippy Bird 游戏

Flippy Bird 是一款简单又困难的手机游戏，游戏需要控制一只不断下降的小鸟来穿越障碍物，若点击屏幕则小鸟会上升一段距离，若不点击屏幕则小鸟继续下降，当小鸟碰到障碍物或地面时游戏失败。读者运行 FlipPyBird_game/flippy.py 代码 (这个是 Flippy Bird 游戏)，通过键盘控制来看看自己玩游戏的分值。

Flippy Bird
—— 游戏实验手册 ——

Flippy Bird
—— 游戏实训 ——

2. 游戏渲染

游戏以帧为单位进行渲染，下面程序将实现一帧游戏的展示。

通过运行代码 1run_game.py，得到初始的游戏界面展示。运行程序结果如图 4-48 所示。

▲　图 4-48　游戏帧渲染

3. 游戏动作控制与界面图像输出

在步骤二进行一帧的游戏，但是此过程中一直没有动作输入，小鸟飞行是不受控制的，而函数 game_state.frame_step(a_t) 中参数 a_t 就是传入游戏中的动作。如果 a_t[0] = 1，那么小鸟不进行跳动作，如果 a_t[1] = 1，小鸟则进行跳动作，因此程序在后续所有帧中一直执行跳动作。

通过运行代码 2game_action.py，得到固定的游戏动作控制，运行程序结果如图 4-49 所示。

▲ 图 4-49　游戏一直执行跳动作

4. 游戏键盘控制

为了实现通过键盘控制小鸟的跳动作，采用 event.type 来监听键盘的响应，当输入为向下、空格、向上时，将 a_t[1] 置为 1，执行跳动作，其他输入保持默认不执行跳动作，这样就可以实现键盘控制游戏中的小鸟动作。另外还可以修改 game/flippy_bird_utils.py 中的代码来更新游戏背景图片，具体为：

(1) 原来代码：BACKGROUND_PATH = 'assets/sprites/background-black.png'。

(2) 修改后代码：BACKGROUND_PATH = 'assets/sprites/background-day.png'。

运行代码 3play_game.py，得到通过键盘控制的游戏，主要添加了如下关键代码：

```
for event in pygame.event.get():
    if event.type == QUIT or (event.type == KEYDOWN and event.key == K_ESCAPE):
        pygame.quit()
        sys.exit()
    if event.type == KEYDOWN and (event.key == K_SPACE or event.key == K_UP):
        a_t[1] = 1  # flap the bird
        a_t[0] = 0
        # run the selected action and observe next state and reward
```

运行程序结果如图 4-50 所示。

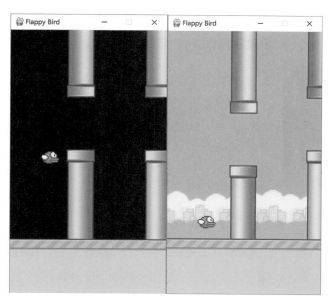

▲ 图 4-50　键盘控制游戏

5. 强化学习网络创建

　　Flippy Bird游戏通过是否点击屏幕来控制一只不断下降的小鸟穿越障碍物。下面采用强化学习来进行自动化游戏。通过构建卷积神经网络，利用 Q-Learning 的变体进行训练，其输入是原始像素，输出是估计未来奖励的价值函数。由于深度 Q 网络是在每个时间步从游戏屏幕上观察到的原始像素值进行训练的，测试发现去除原始游戏中出现的背景可以使其收敛更快，因此在模型训练过程将去掉背景图像进行训练，如图 4-51 所示去掉了背景图进行训练。

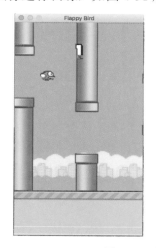 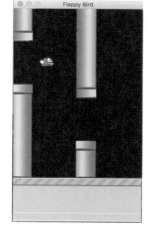

▲ 图 4-51　去掉背景图像进行训练

　　网络架构如图 4-52 所示。第一层将输入图像与 8 × 8 × 4 × 32 大小的内核以步长 4 进行卷积，然后将输出通过 2 × 2 最大池化层。第二层以 2 的步幅与 4 × 4 × 32 × 64 大小的内核进行卷积，然后再次进行最大化池。第三层以 1 的步

幅与 $3 \times 3 \times 64 \times 64$ 大小的内核进行卷积，然后再进行一次最大池化。最后一个隐藏层由 256 个完全连接的 ReLU 节点组成。

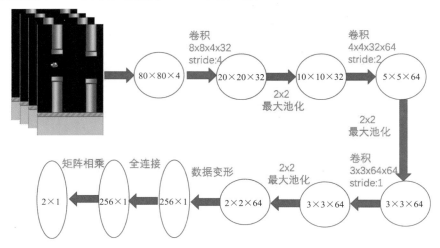

▲ 图 4-52　神经网络架构

　　最终输出层的维度与游戏中可以执行的有效动作的数量相同，其中第 0 个索引值对应什么都不做，第 1 个索引值对应执行跳动作。该输出层的值表示给定每个有效动作的输入状态的 Q 函数。在每个时间步，网络使用贪心策略执行对应于最高 Q 值的任何动作。

　　代码路径为 5create_network.py，该代码创建了神经网络模型。运行程序结果如图 4-53 所示。

```
输入网络大小Tensor("Placeholder:0", shape=(?, 80, 80, 4), dtype=float32)
倒数第二层网络输出Tensor("Relu_3:0", shape=(?, 512), dtype=float32)
最后一层网络输出Tensor("add_4:0", shape=(?, 2), dtype=float32)
```

▲ 图 4-53　网络结构

6. 数据预处理与模型训练

1) 数据预处理

　　在将图片输入到神经网络之前，首先需要对图片进行预处理，这里主要通过 OpenCV 的 COLOR_BGR2GRAY 和 THRESH_BINARY 将图片转成灰度并进行二值化处理，这样有利于提升计算速度。同时，还需要将图片调整成 80×80 大小的形式，堆叠最后 4 帧以生成用于网络需要的 $80 \times 80 \times 4$ 大小，并将其输入到网络中，代码如下：

```
x_t = cv2.cvtColor(cv2.resize(x_t, (80, 80)), cv2.COLOR_BGR2GRAY)
ret, x_t = cv2.threshold(x_t,1,255,cv2.THRESH_BINARY)
s_t = np.stack((x_t, x_t, x_t, x_t), axis=2)
```

2) 模型训练

　　项目中采用 Deep Q-Learning(DQN)，通过在探索的过程中训练网络，最后所达到的目标是将当前状态输入，得到的输出就是对应它的动作值函数，即 $f(s)=q(s,a)$，这个 f 就是训练的网络。

DQN 有 Frozen Target Network 和 Experience Replay 两个特性，主要包括 EvaluationNet 与 TargetNet 网络。在 EvaluationNet 中进行训练，每进行多次训练以后，将训练后的权值等参数赋给 TargetNet，所以在搭建 TargetNet 网络时，不需要计算 Loss 和考虑 Train 过程。

在学习的过程中，会设定一个 Memory 空间，这个空间会记录好每一次的 MDP 过程，即 <s,a,r,s'>。在一开始时，Memory 会先收集记录，当记录达到一定数量时，开始学习，每次从 Memory 中随机选择一个适当大小的记忆块，这些记忆块中包含了经验 (Experience)，即 MDP 过程，并且是随机选择的，所以解决了记录相关性的问题，将这些经验中的 s 作为输入，传入到 EvaluationNet 网络中计算出 q_evaluation，将 s' 传入 TargetNet 网络中得到 q_next，再将 EvaluationNet 的参数赋给 TargetNet，赋值完成以后，通过 q_next 计算下一步的最大动作值，从而计算 Loss，继而优化 EvaluationNet 网络。

3) 训练参数

值得注意的是该程序并没有一开始就进行训练，需要经历 observe、explore、train 三个状态。首先前 1000 个时间步 OBSERVE，处于观测 (observe) 状态，这个状态不做任何操作。其次需要经过 2 000 000(执行时间较长，可适当调整) 个时间步 EXPLORE，处于探索 (explore) 状态，这个状态随机进行动作选择，目的是给数据库增加数据。最后进入 train 状态，开始训练。

4) 数据库设置

在 DQN 理论介绍时提到，DQN 的一大特点就是设置了数据库，后续的每次训练从数据库中抽取数据。这样可以破坏样本的连续性，使得训练更加有效。程序中使用了一个队列 deque 来当作数据库，数据库大小 REPLAY_MEMORY 设置为 50 000，如果数据库容量达到上限，将会把最先进入的数据抛出，即队列的先入先出。首先使用标准差为 0.01 的正态分布随机初始化所有权重矩阵，然后将数据库队列设置为最大的 50 000 次数据 (REPLAY_MEMORY = 50000 # number of previous transitions to remember)。通过在前 10 000 个时间帧中随机均匀地选择动作来开始训练，而不更新网络权重。这样在训练开始之前填充数据库队列。epsilon 就是用来控制贪婪程度的值，epsilon 可以随着探索时间不断提升 (越来越贪婪)，在接下来的 3 000 000 帧的过程中将 epsilon 从 0.1 降低到 0.0001。这样设置的原因是可以在游戏中每 0.03 s(FPS=30) 选择一个动作，高 epsilon 会使其抖动比较大，从而使小鸟很容易撞到游戏屏幕的顶部。该条件将使 Q 函数收敛相对较慢，因为它仅在 epsilon 较低时才开始寻找其他条件。

在训练期间的每个时间步中，网络从内存中一次性读入 32 张图像进行模型训练，并使用 Adam 优化算法对上述损失函数执行梯度步骤,学习率为 0.000001。

代码路径为 6train_network.py，实现强化学习进行模型训练，准确度会越来越高，执行这个程序，训练次数与效果如表 4-5 所示。

表 4-5　强化学习训练次数与效果

训练次数	效　　　果
5 万次	这只鸟只会一直往上飞
10 万次	似乎略有进步，不会一直总是往上飞
20 万次	有了大致的方向，尝试越过第一个柱子
30 万次	基本可以正确地找到第一个柱子间隙的方位并尝试越过
40 万次	已经有很高的概率过第一个柱子，并且有一定概率过第二个柱子
50 万次	过多个柱子的概率更高了
100 万次	已经达到了普通玩家的正常水平，能顺利通过 5 ～ 8 个柱子
200 万次	几乎无敌了，失败几乎很少发生
280 万次	观察了十几分钟都没有失败，应该已经无敌了

　　若想得到比较好的训练效果则需要对模型训练 30 个小时左右，这样训练出来的模型在玩游戏时获得的分数会远远超过人工玩家，效果如图 4-54 所示。

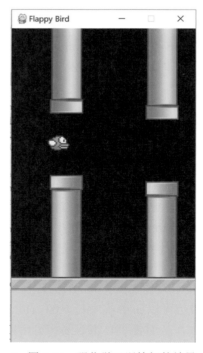

▲ 图 4-54　强化学习训练好的效果

7. 模型保存

　　为了能够持续训练以及保存好训练结果，将训练模型与结果进行保存，模型保存在文件夹 saved_networks 中。

　　代码路径为 7save_network.py。示例代码如下：

```
# saving and loading networks
saver = tf.train.Saver()
sess.run(tf.initialize_all_variables())
checkpoint = tf.train.get_checkpoint_state("saved_networks")
if checkpoint and checkpoint.model_checkpoint_path:
    saver.restore(sess, checkpoint.model_checkpoint_path)
    print("Successfully loaded:", checkpoint.model_checkpoint_path)
else:
    print("Could not find old network weights")
```

■ 任务三总结

本任务完成了使用强化学习算法实现计算机自己玩游戏。通过构建模型训练计算机玩游戏的能力，输入数据对模型进行训练，观察到计算机自己玩游戏越来越准确。通过本任务可以完整地体验利用强化学习算法实现 Flippy Bird 自动玩游戏的整个应用训练过程。读者可使用同样的算法来解决现实生活中的类似问题，提高通过强化学习方法解决实际问题的能力。

■ 任务三实践报告

任务三实践报告			
任务三名称			
姓名		学号	
小组名称			
实施过程记录			
测试结果总结			

后期改进思考

成员分工			
姓名	职责	完成情况	组长评分

考核评价

评价标准：

1. 执行力：按时完成任务三。

2. 学习力：知识技能的掌握情况。

3. 表达力：实施报告翔实、条理清晰。

4. 创新力：在完成基本任务之外，有创新、有突破者加分。

5. 协作力：团队分工合理、协作良好，组员得分在项目组得分基础上根据组长评价上下浮动。

创 新 拓 展

多模态人工智能的崛起

"模态"(Modality) 是德国理学家赫尔姆霍茨提出的一种生物学概念，即生物凭借感知器官与经验来接收信息的通道，如人类有视觉、听觉、触觉、味觉和嗅觉模态。多模态是指将多种感官进行融合,而多模态交互是指人通过声音、肢体语言、信息载体 (文字、图片、音频、视频)、环境等多个通道与计算机进行交流，充分模拟人与人之间的交互方式。

传统的深度学习算法专注于从一个单一的数据源训练其模型。例如，计算机视觉模型是在一组图像上训练的，NLP 模型是在文本内容上训练的，语音处理则涉及声学模型的创建、唤醒词检测和噪音消除。这种类型的机器学习与单模态人工智能有关，其结果都被映射到一个单一的数据类型来源。而多模态人工智能是计算机视觉和交互式人工智能模型的最终融合，为计算器提供更接近于人类感知的场景。

多模态人工智能的最新例子是 OpenAI 的 DALL.E，该模型使用艺术家萨尔瓦多·达利和皮克斯的机器人瓦力的谐音来命名。它可以从文本描述中生成对应图像。例如，当文本描述为"一个甜甜圈形状的时钟"被发送到该模型时，它就可以生成如图 4-55 所示的图像。

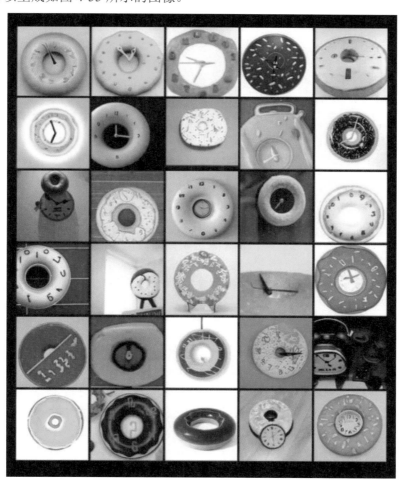

▲ 图 4-55 多模态人工智能

参考答案

综合测评

一、能力测评

1. [单选题] 下列不属于机器学习算法的是 (　　)。
A. 线性回归　　　　B. 三维回归　　　　C. 支持向量机 SVM　　　D. 决策树

2. [多选题] 机器学习与下面哪些领域有着很深的联系？ (　　)。
A. 模式识别　　　　B. 统计学习　　　　C. 数据挖掘　　　　D. 计算机视觉

3. [单选题] 深度学习是 (　　) 的分支。
A. 机器学习　　　　B. 语音识别　　　　C. 图像识别　　　　D. 医疗影像

4. [多选题] 深度学习主要的应用领域有 (　　)。
A. 人脸识别类　　　B. 文字识别类　　　C. 图像识别类　　　D. 语音及理解类

5. [多选题] 深度学习经典算法主要应用在 (　　)。
A. 计算机视觉　　　B. 自然语言处理　　C. 强化学习　　　　D. 比特币

6. [多选题] 深度学习算法主要包括 (　　)。
A. 深度神经网络　　B. 卷积神经网络　　C. 循环神经网络　　D. 对抗生成网络

7. [填空题] 中学时期学习过最小二乘法，在机器学习是一个典型的回归问题，这种算法名称是＿＿＿＿＿＿。

8. [填空题] 深度神经网络英文简称是＿＿＿＿＿＿。

9. [填空题] 循环神经网络英文简称是＿＿＿＿＿＿。

10. [填空题] CNN 的中文简称是＿＿＿＿＿＿。

11. [实践提升] 随着生活水平的提高，人们对自己的身材越来越关注，常使用身高、体重等作为评价标准。而腰围作为衡量肥胖的重要指标之一，国内把男性腰围为 90 cm、女性腰围为 80 cm 作为其是否肥胖的标尺。试设计一套机器学习算法实现一个人的胖瘦预测，来准确判断这个人的肥胖程度。要求如下：

(1) 自行产生随机数生成数据集 (包括身高、体重、腰围，以及胖瘦标志)。

(2) 尝试使用机器学习算法建立模型，进行模型训练，实现胖瘦预测。

二、素质测评

国人热衷买房这件事几乎已经成为绝大多数人的"共识"。从国家统计局的历年数据来看，自 2013 年起，我国商品房成套住宅的年销售套数就已经保持在 1000 万套以上了。到 2020 年，这一数据更是直接达到了 1355 万套。在 2021 年前 10 个月中，全国的商品房销售面积更是达到了 143 041 万平方米，而销售额也高达 147 185 亿元，这足以见得房子在我国的"畅销"程度。2023 年的房价走势如何？是涨是跌？试观察网上房价信息以及国家政策，结合本节所学知识技能，想一想未来房价应该是怎么样的发展趋势，将你的想法用合适的方式 (文字、图表、视频等) 表达出来。

模块二

▶▶▶▶ 会听会说

项目5　智能语音助理——语音处理

教学导读

【教学导图】

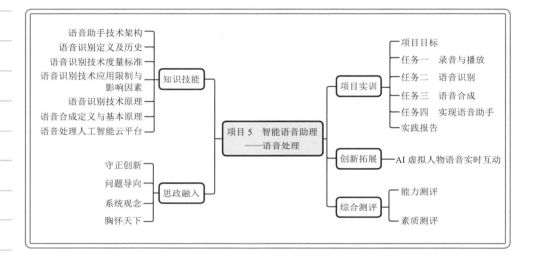

【教学目标】

知识目标	掌握语音识别的基本概念和原理 掌握语音合成的基本概念和原理 掌握语音助理的系统架构
技能目标	使用 Python 语言实现语音数据的读取和播放 应用 AI 云平台接口实现语音识别、语音合成功能 实现语音小助手功能
素质目标	"家国"情感培育 "守法"行为规范 "创新"职业精神
重点难点	语音识别原理及 AI 云平台 API 接口调用

【思政融入】

思政线	思政点	教 学 示 范
守正创新 问题导向 系统观念 胸怀天下	建立科技强国、技术报国的使命感，激发爱国爱党的热情	在5.2节语音识别历史中，讲述目前百度、科大讯飞、腾讯的语音识别技术已经达到世界领先水平，可参考资料"科大讯飞——20年风雨路，带领中国声谷崛起"，科大讯飞专注中文语音识别，20年自主研发，成为全球语音技术的领先企业
	培养万事万物是相互联系、相互依存的系统观念	在项目实训中，应用百度AI云平台实现语音识别和语音合成，需要按照百度的API接口要求发送指令，才能获得平台反馈的正确结果
	培养专业自豪感	在创新拓展中，AI虚拟人物语音实时互动，在冬奥会中实现虚拟主持人的应用

情 景 导 入

　　计算机与人之间的交互方式，常见的有键盘、鼠标、触摸屏、显示器等，但语音交互是最简单、自然的人机交互方式，也是最符合人类习惯的沟通方式。语音交互是一项人机交互技术，是指通过说话的方式与计算机进行交互，获取相应信息或服务。语音助手是一个基于语音交互技术的控制程序，通过智能设备上的收音硬件，它能听见你说的话，进行语义分析，然后迅速做出回应，与你语音聊天，或者根据命令帮你操控智能设备。

　　语音助手常见的形式有手机智能语音助手、智能音箱、智能车载语音助手等。

1. 手机智能语音助手

　　各大公司都推出了自己的智能语音助手，例如微软的小冰、苹果的 Siri、Google 的 Google Assistant、百度的小度、华为的小艺、小米的小爱等。常见的智能语音助手如图 5-1 所示。

　　小冰是微软推出的一个人工智能聊天机器人，现在已经能够创作诗歌、编写新闻，而且在北京人民广播电台开播过节目。

▲ 图 5-1　常用的智能语音助手

　　苹果的 Siri 是一款内置在 iOS 系统中的人工智能助理软件，用户可以使用语音与手机进行交互，完成搜索数据、查询天气、设置手机日历、设置闹铃等服务。小米的小爱和华为的小艺是手机和智能音响中内置的智能语音助理软件。

　　Google Assistant 有一个比较显著的特点就是具有"持续性对话"功能，也就是对话带有上下文，前面提及的事它能够记住，使对话的过程更接近跟人对话的体验。

　　智能语音助手工作过程中，除了语音识别语音合成，还需要搜索很多数据，更聪明的搜索逻辑能够更快地帮助用户找到答案，所以语音助手与搜索引擎的

善 学 勤 思

你的手机语音助手是谁？你平时会用它的哪些功能？它支持"持续性对话"吗？

结合是相辅相成的。

2. 智能音箱

智能音箱作为智能家居的入口，也是各大厂商抢占的高地，小米、华为、阿里、京东、百度都进入了这个领域。智能音箱如图 5-2 所示。

| 小米 | 华为 | HomePod | 天猫精灵 | 百度小度 |

▲ 图 5-2　智能音箱

智能音箱是家庭消费者用语音进行上网的工具，可提供内容服务、互联网服务以及场景化智能家居的控制能力。智能音箱可以分为两种：一种是以亚马逊 Echo 为代表的智能助手类音箱，以语音交互技术为重点，成为智能家居的控制中心，国内厂商中阿里巴巴的天猫精灵、京东的叮咚音箱和小米的小爱音箱同属这种类型；另一种是以内容搜索、内容分享为主的内容智能音箱，将音箱作为搜索入口，提供音乐、有声读物等流媒体内容的载体，国内厂商以百度的小度、喜马拉雅的小雅为代表。

3. 智能车载助手

智能车载助手是智能驾驶舱的核心应用，由于驾驶环境的要求，车载系统以语音交互为主。智能车载助手的应用场景如图 5-3 所示。

▲ 图 5-3　智能车载助手的应用场景

语音助手有非常丰富的应用场景，那么语音助手是如何实现的？其涉及哪些技术？怎样实现一个智能语音助手呢？本章通过知识讲解和项目实训揭秘语音助手背后的技术。

知识技能

⚙ 5.1　语音助手技术架构

智能语音交互系统 (语音助手) 包括语音识别、语言理解、对话管理、语

善 学 勤 思

你是否有用过智能音箱？你使用的感受如何？

言生成、语音合成等模块，具体工作流程如图 5-4 所示。

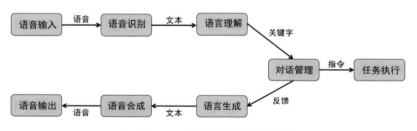

▲ 图 5-4 语音助手工作流程图

以百度智能语音助手为例，当我们说"小度小度，今天天气怎么样？"时，这就是一段语音输入，语音识别模块将输入的语音信息转为文字信息，文字信息通过语言理解模块提取关键信息(语言理解模块就是自然语言处理功能，将文字信息进行词性标注、分词处理等操作)，关键信息"今天、天气"交到对话管理模块，执行相应的搜索任务，并将搜索结果"今天多云，最高气温 26℃"反馈给语言生成模块生成文本，再将所生成的文本提供给语音合成模块，合成语音并输出。这是一个完整的智能语音交互流程，下面重点讲解语音识别与语音合成的原理(文本信息的理解与生成属于自然语言处理技术范畴，将在项目 8 中详细介绍)。

⚙ 5.2 语音识别定义及历史

语音识别技术是指让机器通过识别和理解把语音信号转变为相应的文本或命令的技术。语音识别技术所涉及的领域包括信号处理、模式识别、概率论和信息论、发声机理和听觉机理、人工智能等。语音识别技术示意图如图 5-5 所示。

你们好！

▲ 图 5-5 语音识别技术示意图

语音识别技术在最近几年得到了非常快速的发展和应用，但实际上它已经有 70 多年的历史。现代语音识别技术可以追溯到 1952 年，贝尔实验室 Davis 等人研制了世界上第一个能识别 10 个英文数字发音的实验系统，正式开启了语音识别的进程。20 世纪 80 年代之前，语音识别主要集中在小词汇量、固定文本、孤立词识别方面，使用的方法也主要是简单的模板匹配。这种方法对于大词汇量、非特定人连续语音识别是无能为力的。语音识别技术的发展历程如图 5-6 所示。

进入 20 世纪 80 年代后，语音识别技术的研究思路发生了重大变化，从传统的基于模板匹配的技术思路开始转向基于统计模型的技术思路。主流技术采用 GMM-HMM(高斯混合模型/隐马尔可夫模型)方案，基本解决了大词汇量、非特定人的连续语音识别问题。语音识别词错误率进展图如图 5-7 所示。

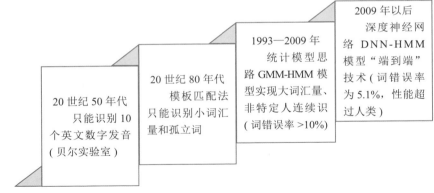

▲ 图 5-6　语音识别技术的发展历程

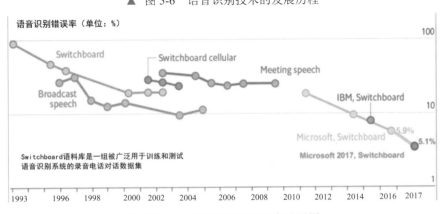

▲ 图 5-7　语音识别词错误率进展图

从图 5-7 中可以看出，1993—2009 年，语音识别技术一直处于 GMM-HMM 方案的统治下，语音识别率提升缓慢，尤其是 2000—2009 年语音识别率基本处于停滞状态，虽然这段时间科研人员也提出了各种改进方法，如区分性训练法、自适应训练法、HMM/NN 混合模型法等，但没有革命性的变化，所以词错误率没有显著下降。

2009 年，随着 DNN(深度神经网络) 的兴起，语音识别框架变为 DNN-HMM，语音识别正式进入了 DNN 时代，语音识别准确率得到了显著提升。2015 年以后，语音识别进入了百花齐放时代，语音界都在训练更深、更复杂的网络，同时利用"端到端"技术大幅提升了语音识别的性能。2017 年，微软在 Switchboard 数据集上进行测试，词错误率降低到 5.1%，使得语音识别的性能首次超越了人类。

随着技术的发展，语音识别技术的词错误率正在逐渐下降，那么词错误率是如何定义的？

⚙ 5.3　语音识别技术度量标准

词错误率 (Character Error Rate 或 Word Error Rate)。假设我们有一个原始的

文本以及长度为 N 个词的识别文本，I 是插入词 (Inserted Words) 的数量，D 是删除词 (Deleted Words) 的数量，S 表示替换词 (Substituted Words) 的数量，则词错误率的计算公式为

$$WER = \frac{I+D+S}{N} \qquad (5-1)$$

准确率 (Accuracy)。它和词错误率类似，但是不考虑插入错误的情况，计算公式为

$$Accuracy = \frac{N-D-S}{N} \qquad (5-2)$$

因为缺少插入错误这一项，准确率的数据会比错误率显得"好看"一些，所以大部分公司一般只公布准确率。在百度和科大讯飞的官网上，都可以查询到公司自身的语音识别技术目前能达到的准确率，百度和科大讯飞的近场中文普通话识别准确率都达到了 98%。

⚙ 5.4 语音识别技术应用限制与影响因素

善 学 勤 思
语音识别的影响因素有哪些？并举例说明。

在实际使用中，限定和影响语音识别的因素很多，主要包括环境影响、说话人影响、说话内容影响等。

(1) 环境影响因素。环境影响因素主要有：① 环境噪音，比如会场中有比较嘈杂的背景人声、车载环境中的风噪、工厂中的机器运行声音等；② 场地因素，比如安静封闭的录音室、空旷的操场、嘈杂的菜市场等；③ 麦克风因素，使用高端专业麦克风采集的音频信号效果好，使用低端便宜的麦克风采集的音频信号效果差；④ 传输信道因素，音频信号是通过有线线路还是无线通信传回系统，通信过程中会不会引入杂音，使用的音频压缩编码会不会导致音频损失。以上这些因素都会对语音识别的结果造成影响。

(2) 说话人影响因素。每个人说话时都会带有一些口音和方音，加之说话人的音量太低或者太高，语音识别的效果都会不太好，所以音频处理时需要对音量做自适应调节。

(3) 说话内容影响因素。比如中英文混读，如果是常见的中英文混合语音，则目前识别的效果较好，但如果是不常见的中英文组合，那么识别效果就会比较差。如果话语中采用了一些很偏门或者很深奥的专业术语，那么人工智能就很难识别出来。

⚙ 5.5 语音识别技术原理

— 语音识别原理

语音识别系统一般包括四部分：音频信号数字化、特征提取、模型训练、

解码（语音识别结果）。图 5-8 为语音识别系统基本流程图。

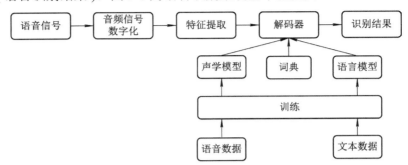

▲ 图 5-8　语音识别系统基本流程图

1. 音频信号数字化

声波是一种模拟信号，要转为数字信号才能供计算机处理。数字化过程一般包括滤波、音频自动增益 (AGC)、模 / 数转换 (A/D 采样)、编码、存储 / 传输等步骤。

(1) 滤波：原始的音频信号通常经过语音采集设备采集后，会产生混叠、噪声、高次谐波失真等，这对语音信号的质量造成了影响，所以要进行音频信号的滤波处理。因为人耳的听力范围一般为 20 Hz ～ 20 kHz，所以我们采集音乐的音频波形前一般要用高通滤波器滤掉 20 kHz 以上的无效频率分量。

(2) 音频自动增益 (AGC)：采集的音频有可能存在音量忽大忽小的情况，比如人与麦克风距离远近发生变化，这时采集的波形幅度也会忽高忽低，不利于后续的音频处理。所以要进行音频自动增益处理，也就是音量调稳处理，将音频信号调整到大致恒定的音量输出，便于后续的分析。

(3) 模 / 数转换 (A/D 采样)：音频信号为模拟信号，为了计算机能够处理，需要将模拟信号转换为数字信号，也就是用 A/D 转换器进行采样。

(4) 编码：为什么要编码？以高保真为例，其数据传输速度为 1.4 Mb/s，也就是每秒传输 0.17 MB 的数据，3 min 的音乐数据所占存储空间为 31.74 MB，在网速较低的情况下，如此大的数据传输也比较占带宽，所以要在不影响声音效果的情况下，采用编码的方式进行数据压缩，比如常见的 WAV、MP3 编码，31.74 MB 的音乐数据经编码压缩后可以到 3 MB 左右，数据量缩小为原来的 1/10。

(5) 存储 / 传输：编码后的音频文件可以存储到本地存储器，也可以通过有线或无线 (如蓝牙) 方式传输到远端设备播放或者存储。

2. 特征提取

如何识别一个单词？如图 5-9 所示，以最简单的孤立词识别为例，提前录制好两段语音，一段是 YES，一段是 NO，作为模板，然后输入第三段语音，判断它是 YES 还是 NO。最简单

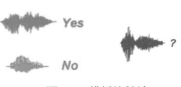

▲ 图 5-9　模板比较法

的方法是模板比较法，比较第三个波形与模板 YES 和模板 NO 波形中哪个最相似、差距最小，从而得到识别结果。但这样比较识别效果好吗？

古希腊哲学家赫拉克利特说过一句名言"人不能两次踏进同一条河流"，同样地，人也不能两次说出一模一样波形的一段话，图 5-10 为采集同一个人连续四次说"你好"的波形，可以看出波形每次都是不同的。

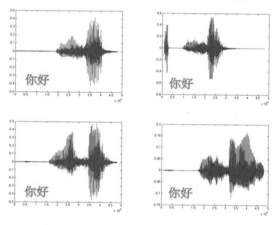

▲ 图 5-10　同一人说"你好"的波形对比

由上述可见，对比波形不是一个科学的方法，所以需要对语音进行特征提取，然后进行分析。语音特征提取一般是提取音素信息，音素是根据语音的自然属性划分出来的最小语音单位。音素分为元音与辅音两大类，英语有 48 个音素，汉语有 32 个音素。音素与英语的音标和汉语的拼音是不同的，辅音和单元音是一个音素，双元音是两个音素，如英语音标中的 /ɪə/、/eə/、/ʊə/，汉语拼音中的 ang、eng、ong。有人可能会问，为什么不分析字词、识别字词？其原因是词汇太多，牛津英语词典收录的英语词汇多达 30 万以上，汉字中华字海收录 85 000 多个字，中文如果组词就更数不胜数了。所以将识别的范围缩小简化，用最基本的发声单元来分析识别语音是最简便的方法。

最常用的语音特征提取技术为梅尔频率倒谱系数 (Mel-Frequency Cepstral Coefficients，MFCC)。MFCC 特征提取过程如图 5-11 所示，它主要分为以下几步：

第一步，语音信号预处理，包括预加重、分帧、加窗。

第二步，快速傅里叶变换。

第三步，加梅尔滤波器组。

第四步，倒谱分析，即对频谱取对数 (log) 及离散余弦变换 (Discrete Cosine Transform，DCT) 得到 MFCC。

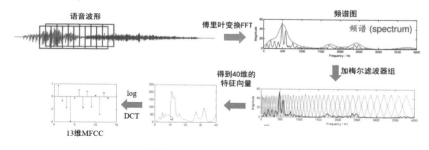

▲ 图 5-11　MFCC 特征提取过程

3. 解码器

解码器由声学模型、词典和语言模型组成，如图 5-12 所示。

(1) 声学模型：计算输入的语音特征与语言学单元（如音素）匹配的可能性，得出当前语音帧最匹配的音素，即输入语音特征→输出音素。

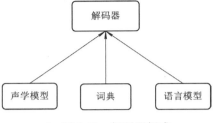

▲ 图 5-12　解码器组成

(2) 词典：将连续的语音单元音素转为单词，就像查字典，通过拼音得到汉字，对于英文就是通过音标得到单词，即输入音素→输出汉字或单词。

(3) 语言模型：计算各种不同文本序列搭配的可能性，将最符合人类语言习惯的文本序列，作为识别结果，即输入汉字或单词→输出句子。

图 5-13 为解码器流程示例。图中的语音信号经过声学模型分析，得到音素最大可能为 ao/b/a/m/a；通过字典查询可得到"凹 嗷 袄 奥 熬…""八 爸 吧 把 靶 拔…""吗 妈 嘛 骂 马 麻…"等多个汉字；语言模型计算汉字的各种组合，取出最有可能的几种组合，如"奥巴马、熬爸妈、嗷爸妈、袄把嘛……"，再结合上下文，如果下文是"出访德国"，那应该选择"奥巴马出访德国"作为识别结果，如果上文是"孩子生病"，那应该选择"孩子生病，熬爸妈"作为识别结果。

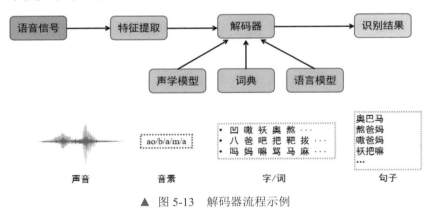

▲ 图 5-13　解码器流程示例

4. 模型训练

语音识别系统的模型通常由声学模型和语言模型两部分组成，前者计算语音到音素的概率，后者计算音素到字、字到句子的概率。

(1) 声学模型。声学模型是识别系统的底层模型，是语音识别系统中最关键的部分。声学模型表示一种语言的发音特征，根据训练语音库的特征参数训练出声学模型参数，在识别时可以将待识别语音的特征参数与声学模型进行匹配与比较，得到最佳识别结果。目前具有代表性的语音识别方法主要有动态时间规整技术(DTW)、隐马尔可夫模型(HMM)、矢量量化(VQ)、人工神经网络(ANN)、支持向量机(SVM)等方法。

(2) 语言模型。语言模型主要解决两个问题，一是如何使用数学模型来描述语音中词的语音结构；二是如何结合给定的语言结构和模式识别器形成识别算法。语言模型是用来计算一个句子出现概率的概率模型。它主要用于决定哪个词序列的可能性更大，或者在出现了几个词的情况下预测下一个即将出现的词语的内容。换一个说法就是，语言模型是用来约束单词搜索的，它定义了哪些词能跟在上一个已经识别的词后面(匹配是一个顺序的处理过程)，这样就可以为匹配过程排除一些不可能的单词。语言模型一般指在匹配搜索时用于字词和路径约束的语言规则，它包括由识别语音命令构成的语法网络或由统计方法构成的语言模型，语言处理则可以进行语法、语义分析。

语言建模能够有效结合汉语语法和语义的知识，描述词之间的内在关系，从而提高语言识别率，减少搜索范围。语言模型分为三个层次：字典知识、语法知识和句法知识。对训练文本数据库进行语法、语义分析，经过基于统计模型训练得到语言模型。

⚙ 5.6　语音合成定义与基本原理

语音合成原理

语音合成又称文语转换(Text-To-Speech，TTS)技术，即将任意文字信息转化为相应语音朗读出来。为了合成出高质量的语言，除了依赖于各种规则，包括语义学规则、词汇规则、语音学规则外，还必须对文字的内容有很好的理解，这也涉及自然语言理解的方向。

一个完整的语音合成过程是先将文字序列转换成音韵序列，再由系统根据音韵序列生成语音波形。语言合成系统框图如图 5-14 所示。

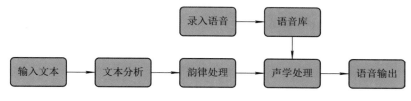

▲ 图 5-14　语音合成系统框图

1. 文本分析

文本分析是对输入的文本进行分析，输出尽可能多的语言学信息(如拼音、节奏等)，为后端的语言合成器提供必要的信息，文本分析流程如图 5-15 所示。

▲ 图 5-15　文本分析流程图

(1) 文本预处理：删除文本中的无效符号，对文本进行断句等。

(2) 文本规范化：将文本中的特殊字符识别出来，并转化为一种规范化的表达。

(3) 自动分词：将待合成的整句以词为单位划分为单元序列，以便后续考虑词性标注、韵律边界标注等。

(4) 字音转换：将待合成的文字序列转换为对应的拼音序列，即告诉后端合成器应该读什么音。由于汉语中存在多音字问题，所以字音转换的一个关键问题就是处理多音字的消歧问题。

2. 韵律处理

韵律即实际语言交流中的抑扬顿挫和轻重缓急。韵律处理就是为合成语音规划出音段特征，如音高、音长和音强等，使合成语音能正确表达语意，听起来更加自然。韵律处理是文本分析模块的目的所在，韵律的节奏、时长的预测都是基于文本分析的结果。韵律处理作为语音合成系统中承上启下的模块，也是整个系统的核心部分，会极大地影响最终合成语音的自然度。

3. 声学处理

声学处理是根据前面的文本分析和韵律处理提供的内容信息以及语音库中的语音模型，生成自然的语音波形并输出语音。语音生成的方法有基于时域波形的拼接合成方法、基于语音参数的合成方法和端到端语音合成方法三类。

⚙ 5.7 语音处理人工智能云平台

语音识别、语音合成等语音的处理过程比较复杂，有很多概念和算法，对于非人工智能专业的人士来说，理解和编程实现都比较困难。有数据和业务需求的团队，如果不想投入太多的时间和人力研究人工智能技术，则可以采用人工智能云平台。

百度、华为、阿里、腾讯、谷歌、微软、亚马逊等国内外各大公司都推出了自建的人工智能开放云平台。开发者使用人工智能云平台，无须了解算法知识，无须人工调整参数，只要根据应用场景调用云平台提供的接口，就可以实现 AI 应用开发。例如，百度 AI 开放平台提供了 120 多项细分的场景化能力和解决方案，包括语音处理、人脸人体识别、文字识别、图像识别、视频处理、自然语言处理、知识图谱等一系列的能力，这些能力可以直接在产品和应用当中使用，能力集成速度最快仅需几分钟。

当然，通用技术能力并不能满足企业多样化的需求，所以 AI 云平台还提供一站式全流程模型定制化开发能力。例如，华为 ModelArts 是面向 AI 开发者的一站式开发平台，提供海量数据预处理及半自动化标注、大规模分布式训练、自动化模型生成及端 - 边 - 云模型按需部署能力，可帮助用户快速创建和部署模型，管理全周期 AI 工作流程。华为 ModelArts 架构如图 5-16 所示。

"一站式"是指包括 AI 开发的各个环节，数据处理、数据标注、算法开发、模型训练、模型部署等都可以在云平台上完成。ModelArts 支持 Tensorflow、PyTorch、MindSpore 等主流开源的 AI 开发框架，也支持开发者使用自研的算法框架，支持的应用包括图像分类、物体检测、视频分析、语音识别、产品推荐、异常检测等多种 AI 应用场景。

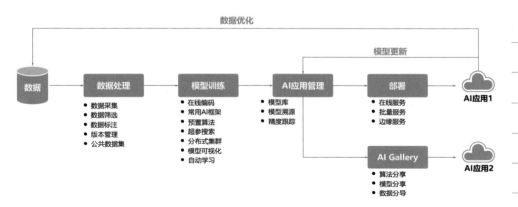

▲ 图 5-16 华为 ModelArts 架构

语音识别、语音合成训练算法需要大量标注好的语音库和语料库，对于普通开发者来说，不具备训练算法的数据条件，所以一般语音的 AI 应用开发都是调用人工智能云平台的接口。本章实训项目采用百度 AI 云平台。

语音助理实验手册

项 目 实 训

【项目目标】

本项目是在 PC 上实现语音助手功能，用户可与 PC 进行语音交互，并通过语音控制 PC 打开记事本、计算器、画图板等应用程序。项目采用 Python 语言，通过调用百度 AI 平台的语音识别和语音合成 API 接口实现。项目操作手册与代码可通过扫描左侧二维码获得。本项目的具体目标如下：

(1) 体验语音识别、语音合成效果。

(2) 了解语音助手应用开发流程。

(3) 掌握百度 AI 云平台语音模块 API 接口调用方法。

项目开发流程如图 5-17 所示，主要步骤有录音、语音识别、语音合成、播放和集成处理，下面按照流程一步一步完成项目开发。

语音助手实训

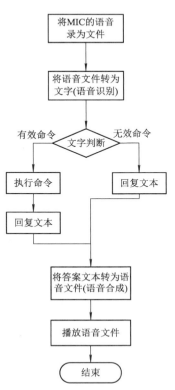

▲ 图 5-17 语音助手项目流程图

任务一 录音与播放

语音助手要能采集语音(录音),并回复语音(播放)。在 Python 编程环境下,通常采用 PyAudio 库完成录制和播放音频。PyAudio 是一个跨平台的音频处理库,支持录制和播放 wav、mp3 等格式的音频文件。

录音与播放任务的实验手册可以通过扫描二维码获得,本任务包含"RecordPlay.py"一个程序文件,程序实现录制一段 5 s 的音频并播放出来。

1. 创建工程

打开"Jupyter Notebook",创建工程文件夹"智能语音助理",将"RecordPlay.py"文件复制到该文件夹,在文件夹下新建 Python 3 文件,重命名为"录音与播放",将"RecordPlay.py"文件内的代码复制到"录音与播放.ipynb"文件并运行,即可实现录音 5 s,并保存到"test.wav"文件,再播放该录音文件。

2. 导入库

导入程序的实现需要 PyAudio、numpy 和 wave 库。示例代码如下:

```
from pyaudio import PyAudio, paInt16
import numpy as np
import wave
```

3. 定义全局变量

定义 PyAudio 内置缓冲大小、取样频率、录音时间等全局变量。示例代码如下:

```
NUM_SAMPLES = 2000          # PyAudio 内置缓冲大小
SAMPLING_RATE = 16000       # 取样频率
TIME_COUNT = 5              # 录音时间,单位为 s
```

4. 打开音频输入流

实例化一个 PyAudio 对象,并用 open 方法打开音频输入流,同时设置采样率等参数。示例代码如下:

```
pa = PyAudio()              # 实例化 PyAudio 对象
# 打开音频
stream = pa.open(format=paInt16,
                channels=1,
                rate=self.SAMPLING_RATE,
                input=True,
                frames_per_buffer=self.NUM_SAMPLES)
```

PyAudio.open 方法参数说明如表 5-1 所示。

表 5-1　PyAudio.open 方法参数说明

参　数	含义及设置值
format	取样值的量化格式，常用格式有 paFloat32、paInt32、paInt24、paInt16 等，这里设置为 paInt16
channels	声道数，1 为单声道，2 为双声道
rate	采样频率，是指将模拟声音波形进行数字化时，每秒抽取声波幅度样本的次数，常用的采样频率有 8 kHz、11.025 kHz、22.05 kHz、16 kHz、37.8 kHz、44.1 kHz、48 kHz 等，因为是对人声音采样，所以设置为 16 kHz
input	输入流标志，设置为 True 时，代表启动输入流
frames_per_buffer	底层缓存块的大小

5. 采集音频

设置录音时间为 5 s，并开始采集音频。示例代码如下：

```
time_count = self.TIME_COUNT        # 录音时间为 5 s
count = 0                           # 初始化计数器为 0
while count<time_count*10:          # 循环关闭条件为计数超过 5 s
    string_audio_data = stream.read(self.NUM_SAMPLES)
    self.Voice_Buff.append(string_audio_data)
    count +=1
```

6. 关闭音频流，保存音频文件

示例代码如下：

```
stream.stop_stream()
stream.close()
pa.terminate()
self.savewave(filename)
```

7. 播放音频文件

打开并播放音频文件的示例代码如下：

```
chunk=1024
# 打开录制的音频文件
wf = wave.open(filename, 'rb')
pa = PyAudio()
# 打开一个数据流对象，解码而成的帧将直接通过它播放出来，我们就能听到声音
stream = pa.open(format=pa.get_format_from_width(wf.getsampwidth()),
            channels=wf.getnchannels(), rate=wf.getframerate(), output=True)
# 读取第一帧数据
```

```
data = wf.readframes(chunk)
# 播放音频
# 结束的标志为读到了空的帧
while data != b'':
    # 将帧写入数据流对象中
    stream.write(data)
    # 继续读取后面的帧
    data = wf.readframes(chunk)
```

8. 定义主程序入口

定义主程序入口，实现实例化一个录音 record 对象，开始录音，并保存录音到 test.wav 文件，最后播放 test.wav 文件。示例代码如下：

```
if __name__ == "__main__":
    r = recorder()            # 实例化一个录音的对象
    r.recorder("test.wav")    # 开始录音，并保存到 test.wav 文件
    r.playwav("test.wav")     # 播放 test.wav 文件
```

运行结果如图 5-18 所示。

```
********** Start recording for 5 seconds! **********
.........1s

.........2s

.........3s

.........4s

.........5s

********** Stop recording! **********
********** Start playing! **********
********** Stop playing! **********
```

▲ 图 5-18　任务一运行结果

任务二　语音识别

语音识别和语音合成功能调用百度 AI 云平台接口，需要在百度平台创建自己的应用，按照下面的步骤实现。

1. 领取"语音识别""语音合成"免费资源

首先登录 https://ai.baidu.com/，进入"开放能力"→"语音技术"→"短语音识别"，然后点击"立即使用"；系统会要求登录百度 AI 云平台，可用百度账号登录，如果没有账号，则需要先注册，登录后进入网页右上角的"用户中心"，填写实名认证信息，实名认证后才可使用云平台的 AI 技能。登录百度 AI 云平台的过程如图 5-19 所示。

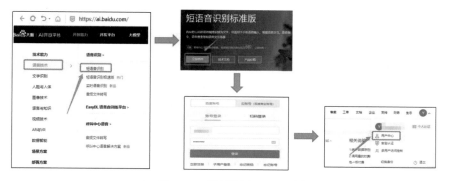

▲ 图 5-19　登录百度 AI 云平台

　　进入"语音技术"界面后，在"概览"页面点击"领取免费资源"，进入资源领取界面，如图 5-20 所示。选择"短语音识别"，点击"0 元领取"。再选择"短文本在线合成"，点击"0 元领取"。领取后，点击"资源列表"，可以查看免费额度的可使用时间和使用次数。

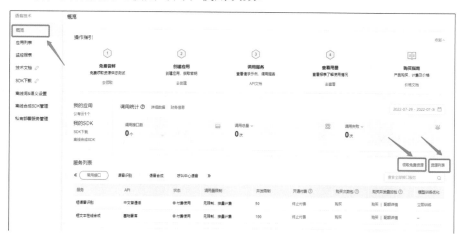

▲ 图 5-20　领取免费资源

2. 创建语音应用

　　领用免费技能资源后，需要创建自己的应用。在网页左侧选择"应用列表"，然后点击"创建应用"，填入应用信息，填写内容如表 5-2 所示。

表 5-2　创建应用参考内容

选　项	填　写　内　容
应用名称	语音助手
接口选择	默认无须更改
语音包名	不需要
应用归属	个人
应用描述	语音识别和语音合成实操实验

创建应用及应用查看如图 5-21 所示。

▲ 图 5-21　创建应用及应用查看

创建应用后，点击该应用，可进入"应用详情"查看应用内容，这里需要记录"API Key"和"Secret Key"，在后面程序中使用。在应用详情界面还可以点击"查看文档"，查看百度提供的帮助文件以及接口调用说明和 Demo 示例代码。

3. 下载程序文件，修改"API_KEY"和"SECRET_KEY"

打开项目代码包，本任务包含"asr_raw.py"和"语音识别 .ipynb"两个程序文件，将这两个文件与任务一的"RecordPlay.py"文件都放到工程文件夹"智能语音助手"中。其中"asr_raw.py"是调用百度语音识别接口示例文件，需要将文件中的"API_KEY"和"SECRET_KEY"替换为自己创建应用中的字符串，替换行在程序的第 30、31 行，如图 5-22 所示。

```
18    #    import urllib2
19    from urllib2 import urlopen
20    from urllib2 import Request
21    from urllib2 import URLError
22    from urllib import urlencode
23
24    if sys.platform == "win32":
25        timer = time.clock
26    else:
27        # On most other platforms the best timer is time.time()
28        timer = time.time
29
30    API_KEY = 'kVcnfD9iW2XVZSMaLMrtLYIz'
31    SECRET_KEY = '09o1O213UgG5LFn0bDGNtoRN3VWl2du6'
```

▲ 图 5-22　替换"API_KEY"和"SECRET_KEY"

4. 识别录音内容

用"Jupyter Notebook"打开"语音识别 .ipynb"文件，程序内容包括导入依赖包、录音5 s、保存文件、识别录音及打印录音结果。示例代码如下：

```
# 导入依赖包
import asr_raw as ar                        # 百度语音识别包
from RecordPlay import recorder             # 录音包
# 录音 5 s, 保存音频到 test.wav 文件
r = recorder()
r.recorder("test.wav")
# 识别录音结果
result_str = ar.Voice2Text("test.wav")      # 识别语音
# 打印录音结果
print(" 语音识别结果 = " + result_str) # 打印识别结果
```

运行代码，对着电脑MIC说"百度语音识别接口测试"，结果如图5-23所示。

```
url is http://vop.baidu.com/server_api?
cuid=123456PYTHON&token=24.426e8824ce249d3a722ac91e44725483.2592000.1661767683.28
2335-26575304&dev_pid=1537
header is {'Content-Type': 'audio/wav; rate=16000', 'Content-Length': 120044}
Request time cost 0.394250
百度语音识别接口测试。
{"corpus_no":"7126105302400839131","err_msg":"success.","err_no":0,"result":["百
度语音识别接口测试。"],"sn":"954101829061659175684"}

语音识别结果 = 百度语音识别接口测试。
```

▲ 图 5-23　语音识别结果

任务三　语音合成

"短文本在线合成"免费技能资源已经在任务二中领取，所以无需重新领取资源和创建应用。

1. 下载程序文件，修改 "API_KEY" 和 "SECRET_KEY"

打开项目代码包，本任务包含"tts.py"和"语音合成播放 .ipynb"两个程序文件，将这两个文件放到工程文件夹"智能语音助手"中。其中"tts.py"是调用百度语音合成接口的示例文件，需要将文件中的"API_KEY"和"SECRET_KEY"替换为自己创建应用中的字符串，替换行在程序的第20、21行，如图5-24所示。

```
12    else:
13        import urllib2
14        from urllib import quote_plus
15        from urllib2 import urlopen
16        from urllib2 import Request
17        from urllib2 import URLError
18        from urllib import urlencode
19
20    API_KEY = '4E1BG91TnlSeIf1NQFlrSq6h',
21    SECRET_KEY = '544ca4657ba8002e3dea3ac2f5fdd241'
22
```

▲ 图 5-24　程序需修改位置

2. 语音合成并播放

打开"语音合成播放 .ipynb"文件,主要内容包括导入依赖包、定义合成内容、语音合成、播放识别音频。示例代码如下:

```
# 导入依赖包
import tts as tts                          # 百度语音合成包
from RecordPlay import recorder            # 录音包
# 需要语音合成的内容
text = " 今天天气真好！ "
# 语音合成
file = tts.Text2Voice(text)
# 播放语音文件
r = recorder()
r.playwav(file)
```

运行程序,电脑会播放"text"字符串的内容。

任务四　实现语音助手

通过任务一、二、三分别实现音频的录音与播放、语音识别、语音合成等功能,下面根据图 5-16 中的流程,将几个任务的代码模块集成起来,中间加上"命令解析与执行"代码模块,实现完整的智能语音助理功能。打开项目代码包,本任务对应的程序文件为"智能语音助理 .py",示例代码如下:

```
# 导入依赖包
import asr_raw as ar                       # 百度语音识别包
import tts as tts                          # 百度语音合成包
from RecordPlay import recorder            # 录音和播放函数
import os                                  # 标准 os 库
# 录音 5 s, 保存音频到 test.wav 文件
r = recorder()
r.recorder("test.wav")
# 识别语音内容，并打印
result_str = ar.Voice2Text("test.wav")
print(" 语音识别结果 = " + result_str)       # 打印识别结果
# 判断识别文本内容，并执行相应的操作
if " 打开计算器 " in result_str:
    os.startfile("calc.exe")
    text = " 主人，已经打开计算器。 "
elif " 打开记事本 " in result_str:
    os.startfile("notepad.exe")
```

```
    text = " 主人，已经打开记事本。"
elif " 打开画图板 " in result_str:
    os.startfile("mspaint.exe")
    text = " 主人，已经打开画图板。"
elif " 你的名字 " in result_str:
    text = " 我的名字是 *** 的助手。"
else:
    text = " 对不起，我还不能理解这个任务！"
# 语音合成
file = tts.Text2Voice(text)
# 播放语音文件
r.playwav(file)
```

多次运行代码，分别说出"打开计算器""打开记事本""打开画图板"，程序效果如图 5-25 所示。

▲ 图 5-25　语音助手实现效果

【项目总结】

本项目应用百度 AI 云平台实现智能语音助手功能，通过语音数据采集（录音）与播放、语音识别、语音合成等实践任务，让读者体验智能语音助手的开发流程，掌握采用 AI 云平台语音技术开发应用程序的技能。

【实践报告】

项目实践报告			
项目名称			
姓名		学号	
小组名称（适合小组项目）			
实施过程记录			
测试结果总结			
后期改进思考			

成员分工（适合小组项目）			
姓名	职责	完成情况	组长评分

考核评价

评价标准：

1. 执行力：按时完成项目任务。

2. 学习力：知识技能的掌握情况。

3. 表达力：实施报告翔实、条理清晰。

4. 创新力：在完成基本任务之外，有创新、有突破者加分。

5. 协作力：团队分工合理、协作良好，组员得分在项目组得分基础上根据组长评价上下浮动。

创 新 拓 展

AI 虚拟人物语音实时互动

元宇宙已经成为目前市场的焦点，各大公司都希望从这个新兴市场中分得一杯羹。一个跳出元宇宙的术语进入人们的视野，即"虚拟人"。《2022 年中国虚拟人产业发展白皮书》中将虚拟人分为两大类别：一种是广义虚拟人，指通过 CG 建模等方式完成虚拟人外形制作，再通过操纵虚拟主播进行直播的人联合动捕、面捕技术实现驱动的虚拟人；另一种是通过 AI 技术"一站式"完成虚拟人的创建、驱动和内容生成，并具备感知、表达等无需人工干预的自动交互能力。未来以 AI 驱动的超级自然虚拟人将成为行业主流趋势，推动虚拟人产业生态建设。

2022 年北京冬奥会，虚拟人也成为其中一大亮点元素。以体育明星谷爱凌为原型的数智人 Meet Gu 最先亮相。在 2 月 5 日谷爱凌夺取首秀、2 月 7 日谷爱凌夺取首金的两天里，Meet Gu 出现在咪咕冬奥演播室与主持人互动。同样在冬奥会登场的还有"3D 虚拟冰冰"、AI 虚拟气象主播"冯小殊"等，分别以央视记者王冰冰和"中国天气"主持人冯殊为制作基础。为人熟知的虚拟歌手"洛天依"也在奥林匹克文化节中献唱。

虚拟人在不同场景下"各司其职"，让冬奥会成为行业应用的一次大型试验田。互动性已经成为每个虚拟人的标配。以"3D 虚拟冰冰"为例，和以往相比，"3D 虚拟冰冰"的身形更加立体化，声音、语气、肢体动作等也更为丰富，在外表、行为、交互上具备多重人类特征。此外，科大讯飞推出了《冰冰带你说冬奥》专属 H5，通过点击屏幕，用户可以与屏幕里的虚拟冰冰互动。其中涉及的技术不只是 3D 建模，还有语音合成、AI 驱动口唇表情合成、虚拟人肢体动作控制等技术，不再局限于单一的仿真。

虚拟人和元宇宙类似于微信和移动互联网。谁能抢占用户进入元宇宙的先机，整合元宇宙中用户的社会关系链，谁就能在即将到来的元宇宙大局中抢占先机，并扩展到其他领域，实现新产业新经济的快速发展。

综 合 测 评

参考答案

一、能力测评

1. [多选题] 下面会对语音识别效果造成影响的因素有（　　　）。

A. 说话人是否有方音口音　　　　B. 采集音频的麦克风性能

C. 说话的内容包含多种语言　　　　D. 说话人的姿势

2. [单选题] 2000 年左右，语音识别领域处于统治地位的模型是 (　　)。

A. DNN-HMM　　　B. GMM-HMM　　　C. RNN-T　　　D. Neural Transducer

3. [多选题] 下面属于语音交互系统中的模块有 (　　)。

A. 语音识别　　　B. 语音合成　　　C. 语言理解　　　D. 语言生成

4. [单选题] 语音识别系统基本框架中声学模型的作用是 (　　)。

A. 给定语言学单元，计算输入语音匹配的可能性

B. 语音单元转为单词

C. 计算各种不同文本序列搭配的可能性

D. 根据不同的可能性来得到最有可能的文本序列

5. [多选题] 语音识别算法度量标准有 (　　)。

A. 召回率　　　B. 准确率　　　C. 词错误率　　　D. 容错率

6. [填空题] 语音识别系统一般包括_____、_____、_____和_____四部分。

7. [判断题] 语音输入的音量会影响语音识别的效果，所以音量越大越好。(　　)

8. [多选题] 下列属于语音合成过程的步骤是 (　　)。

A. 语音输入　　　B. 文本分析　　　C. 韵律处理　　　D. 声学处理

9. [实践提升] 本书中的语音助手是基于百度 AI 云平台实现的，科大讯飞、腾讯、阿里、华为等公司都推出了自研的 AI 云平台，且都具备语音识别和语音合成模块。

(1) 参考本项目的实践操作流程，自行选择一款 AI 云平台 (除百度以外)，使用 Python 语言，通过调用该平台的语音识别和语音合成的 API 接口，实现语音助手功能。

(2) 百度和科大讯飞的 AI 云平台还提供了语音翻译模块，试利用该模块的 API 接口，结合本项目实践中的录音、语音识别、语音合成和播放模块，实现语音翻译功能。

二、素质测评

中国盲人协会官方网站数据显示，中国是世界上盲人最多的国家，视力残疾人数达 1731 万，也就是每 80 个人中就有一名视障者，视力问题给他们的生活带来了种种不便，智能语音技术将会给他们提供帮助。利用本节学习的知识技能，发挥你的想象力，设计出能够帮助视力障碍人士解决生活实际问题的产品或软件，将你的方案用合适的方式 (文字、图表、视频等) 表达出来。

模块 三

▶▶▶▶ 会 看

项目6　食堂菜品识别——计算机视觉

— 教学导读 —

【教学导图】

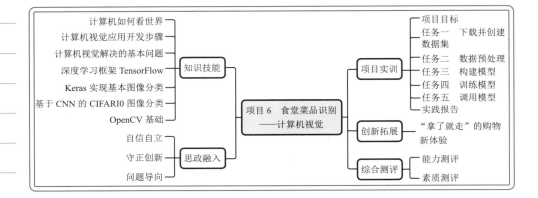

【教学目标】

知识目标	了解基本图像分类流程 理解卷积神经网络基础
技能目标	掌握深度学习框架 TensorFlow 的使用 学会利用 Keras 实现基本图像分类
素质目标	建立学生科技强国、技术报效祖国的使命感 培养学生精益求精的新时代工匠精神
重点难点	学会利用 Keras 实现基本图像识别 如何对卷积神经网络进行优化调参来提升图像识别率

【思政融入】

思政线	思政点	教学示范
自信自立 守正创新 问题导向	增强科技抗疫的信心、环保意识、激发专业自豪感	在情景导入中，"智慧餐饮"为疫情后的饮食模式提供新思路，提升科技抗疫的信心
	增强创新实践的科学精神	创新拓展中的"黑科技"实现了"拿了就走"的无人超市
	培养严谨细致、精益求精的新时代工匠精神	在能力测评的实践提升中，通过已有技术，在原有基础上作严谨细致的改良，完善功能并提高自身技术

现代人的餐饮生活不再局限于追求高效，而是在追求高效的同时，更注重个性化、高科技化的服务，食堂也不例外。快速发展的智能化技术使现在的食堂发生了巨大变化，传统食堂逐渐被更为先进的 AI 智慧食堂替换，也逐渐被大众认可和使用。

AI 智慧食堂融合中国人的生活、消费和操作习惯，结合人体工学数据，开发出适合食堂升级的产品，通过菜品识别与刷脸结算，实现自助就餐。高效的就餐结算速度让用餐者能够享受高品质的用餐体验。同时，可以有效减少食堂人员成本，提高食堂运营效率。

食堂菜品识别与刷脸结算代表了计算机视觉的两个典型应用场景（物品分类与人脸识别），在本模块中将通过食堂菜品识别与刷脸结算两个项目，带领大家了解计算机视觉的应用场景、体验应用开发流程、学习相关知识技能。

菜品识别比较典型的例子，如百度 AI 开放平台提供的在线"菜品识别"项目（项目网址为 https://ai.baidu.com/tech/imagerecognition/dish）。图 6-1 为百度 AI 开放平台在线"菜品识别"项目识别示例。

▲ 图 6-1 百度 AI 开放平台在线"菜品识别"示例

菜品识别结算台还适用于生鲜类专门超市、社区生鲜店、水果店、散装食品店，以及社区快递取件点、食堂、自选式快餐店等各种应用场景。

食堂菜品识别属于人工智能在计算机视觉领域的应用场景，本项目以TensorFlow 为深度学习框架，利用卷积神经网络实现菜品识别，开发过程需要掌握以下必要的知识技能，每一个知识技能将通过一个任务练习来了解其过程。

⚙ 6.1　计算机如何看世界

CV 基础概述

计算机视觉 (Computer Vision，CV) 是一门研究如何使机器"看"的科学，更进一步地说，就是指用摄影机和电脑代替人眼对目标进行识别、跟踪和测量，并使用电脑将获取的图形处理成更适合人眼观察或传送给仪器检测的图像。

计算机视觉处理的对象是图像、视频，那么我们在手机、电脑上所看到的图像、视频，是如何记录与呈现的呢？计算机视觉与人眼视觉有哪些区别和联系呢？

1. 人类眼中的世界

人眼主要由角膜、晶状体、玻璃体和视网膜等组成。当外界物体的反射光线，经过角膜，由瞳孔进入眼球内部，再经过晶状体和玻璃体的折射作用，就可以在视网膜上形成清晰的物像，该物像刺激视网膜上的感光细胞，使其产生的神经冲动沿着视神经传到大脑皮层的视觉中枢，就形成视觉。

视网膜上所形成的图像是倒立的，通过大脑处理，我们感受到的图像才是正常的。图 6-2 为人眼成像原理示意图。

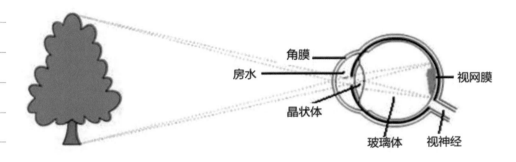

▲ 图 6-2　人眼成像原理示意图

2. 计算机眼中的世界

数字图像成像原理与人眼基本类似，数字相机、摄像机的镜头相当于角膜和晶状体，感光元件阵列相当于视网膜，不同的是感光元件阵列将影像转变成数字信号。

计算机中记录图像的最小元素称为像素 (Pixel)，每一张图像由很多个像素组成。当我们将图像局部放大很多倍时，就可以看到如图 6-3 所示的计算机图像表示方式，图中右侧的每一个小方块就是一个像素点。像素点颜色表示方式有很多种，常见的是 RGB，其中 R(Red) 表示红色分量，G(Green) 表示绿色分量，B(Blue) 表示蓝色分量，每个像素点的颜色由红、绿、蓝三色通道叠加表示。例如，(255,0,0) 表示纯红色，(0,255,0) 表示纯绿色，(0,0,255) 表示纯蓝色，(255,255,255) 表示白色，(0,0,0) 表示黑色。图 6-3 中最左边为原图，中间为局部放大图，将局部放大到一定程度可以看到像素点，最右边从上到下依次取红色、粉色、白色像素点获得 RGB 值。

善学勤思

用 RGB 的方式应该如何表示黄色、品红色？

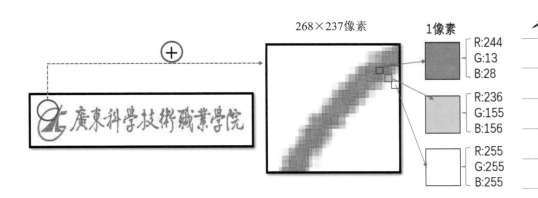

▲ 图 6-3 计算机图像表示方式

⚙ 6.2 计算机视觉应用开发步骤

计算机视觉应用开发主要包括图像采集、图像清洗、图像标注、模型训练、模型评估、模型调用（预测）几个基本步骤，具体如图 6-4 所示。

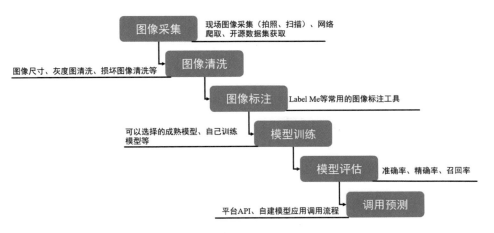

▲ 图 6-4 计算机视觉应用开发步骤

⚙ 6.3 计算机视觉解决的基本问题

按照分析目的可以将计算机视觉的基本任务分为图像分类、目标检测、图像分割、目标跟踪，通过对基本任务的组合集成应用，可以完成如人脸识别、文字识别、视频审核等更为复杂的应用。

1. 图像分类 (Image Classification)

　　图像分类是指对图像中所包含的物体进行分类，一般分类物体为图像的主体，解决图片是什么的问题。图像分类任务只需要按照任务目标范围，如水果蔬菜分类识别，只需要给出该图像包含的蔬菜水果类别和置信度即可。图 6-5 是百度 AI 开放平台中的蔬菜图像分类识别。

▲ 图 6-5　百度 AI 开放平台中的蔬菜图像分类识别

2. 目标检测 (Object Detection)

　　目标检测任务是找出图像或视频中感兴趣的目标，确定其在图像中的位置和大小，是计算机视觉领域的核心问题之一。相对于图像分类，目标检测不仅要判断图像目标是什么，还需要定位出目标在图像画面中的位置，即目标检测包括位置检测与分类识别两个方面。如图 6-6 所示的目标检测任务，即要定位出人、马、狗的位置，还需要做图像分类识别。

▲ 图 6-6　目标检测任务

3. 图像分割 (Segmentation)

　　图像分割是对图像的理解，对图像进行像素级别的描述，根据需要解决的问题，将图像的每个像素点细分为不同的目标区域。图像分割可以分为语义分割 (Semantic Segmentation) 和实例分割 (Instance Segmentation)，二者的区别是，语义分割 (如图 6-7(b) 所示) 将相同类划分为同一目标区域，而实例分割 (如图 6-7(c) 所示) 将目标的不同个体划分为不同的像素区域。

善 学 勤 思

　　如果要完成发票文字识别 (OCR) 功能，需要用到哪些基本任务？

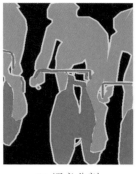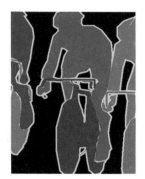

(a) 原图　　　　　　　(b) 语义分割　　　　　　(c) 实例分割

▲ 图 6-7　图像分割

4. 目标跟踪 (Target Tracking)

目标跟踪与目标检测类似，都是在图像中检测感兴趣的物体。二者的区别在于，目标检测只对单帧图像进行目标定位，而目标跟踪处理连续多帧图像。目标跟踪可以利用目标运动的连续性进行运行轨迹的预测和分析，广泛应用于智能交通、自动驾驶、人体动作识别中。图 6-8 为手关键点跟踪应用。

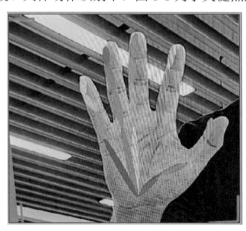

▲ 图 6-8　手关键点跟踪

6.4　深度学习框架 TensorFlow

技能代码实验
手册

TensorFlow 是一个端到端开源机器学习平台。它拥有一个全面而灵活的生态系统，其中包含各种工具、库和社区资源，可助力研究人员推动先进机器学习技术的发展，并使开发者能够轻松地构建和部署由机器学习提供支持的应用。TensorFlow 的官方网址为 https://tensorflow.google.cn/。

【任务练习】实现 MNIST 数据集手写数字的识别，该项目是 TensorFlow 初学者快速入门的示例任务。具体参考代码如下：

```
# 导入 TensorFlow 包，并命名为 tf
import tensorflow as tf

# 载入并准备好 MNIST 数据集，并将样本从整数转换为浮点数
mnist = tf.keras.datasets.mnist
(x_train, y_train), (x_test, y_test) = mnist.load_data()
x_train, x_test = x_train / 255.0, x_test / 255.0

# 将模型的各层堆叠起来，以搭建 tf.keras.Sequential 模型
model = tf.keras.models.Sequential([
  tf.keras.layers.Flatten(input_shape=(28, 28)),
  tf.keras.layers.Dense(128, activation='relu'),
  tf.keras.layers.Dropout(0.2),
  tf.keras.layers.Dense(10, activation='softmax')
])
# 为训练选择优化器和损失函数
model.compile(optimizer='adam',
        loss='sparse_categorical_crossentropy',
        metrics=['accuracy'])

# 训练并验证模型
model.fit(x_train, y_train, epochs=5)
model.evaluate(x_test, y_test)
```

⚙ 6.5　Keras 实现基本图像分类

　　基本图像分类开发主要包括图像采集、图像清洗、图像标注、模型选择、模型训练、模型评估、模型调用（预测）七个基本步骤。

　　【任务练习】本任务将训练一个神经网络模型，对运动鞋和衬衫等服装图像进行分类。

　　本任务使用了 tf.keras，它是 TensorFlow 中用来构建和训练模型的高级 API。参考代码如下：

```
# TensorFlow and tf.keras
import tensorflow as tf
from tensorflow import keras

# Helper libraries
```

```python
import numpy as np
import matplotlib.pyplot as plt

# 导入 Fashion MNIST 数据集
fashion_mnist = keras.datasets.fashion_mnist
(train_images, train_labels), (test_images, test_labels) = fashion_mnist.load_data()
# 定义每个图像与标签之间的映射关系
class_names = ['T-shirt/top', 'Trouser', 'Pullover', 'Dress', 'Coat',
               'Sandal', 'Shirt', 'Sneaker', 'Bag', 'Ankle boot']

# 图像预处理，将像素归一化缩小至 0 到 1 之间
train_images = train_images / 255.0
test_images = test_images / 255.0

# 构建模型
# 设置层
model = keras.Sequential([
    keras.layers.Flatten(input_shape=(28, 28)),
    keras.layers.Dense(128, activation='relu'),
    keras.layers.Dense(10)
])
# 编译模型
model.compile(optimizer='adam',
        loss=tf.keras.losses.SparseCategoricalCrossentropy(from_logits=True),
        metrics=['accuracy'])

# 训练模型
# 向模型馈送数据
model.fit(train_images, train_labels, epochs=10)
# 评估准确率
test_loss, test_acc = model.evaluate(test_images, test_labels, verbose=2)
print('\nTest accuracy:', test_acc)
# 进行预测
probability_model = tf.keras.Sequential([model, tf.keras.layers.Softmax()])
predictions = probability_model.predict(test_images)
# 查看第一个预测结果
print(predictions[0])                    # 预测结果
print(np.argmax(predictions[0]))         # 标签置信度
```

⚙ 6.6 基于 CNN 的 CIFAR10 图像分类

卷积神经网络 (Convolution Neural Network, CNN)，又称为深度卷积神经网络，可以将其简单地理解为包含卷积操作且具有深度结构的网络，是通过权值共享和局部连接的方式，对数据进行特征提取，并进行预测的过程。卷积神经网络通过反馈修正卷积核和偏置参数使输出与预测间的偏差减小。构建卷积神经网络进行深度学习开发可以从四个方面展开：输入输出、网络结构、损失函数以及评价指标。

卷积神经网络的基本结构由以下几个部分组成：输入层 (Input Layer)、卷积层 (Convolution Layer)、池化层 (Pooling Layer)、激活函数层 (Activation Function Layer) 和全连接层 (Full-Connection Layer)。图 6-9 给出了一个三层卷积的 CNN 网络结构。

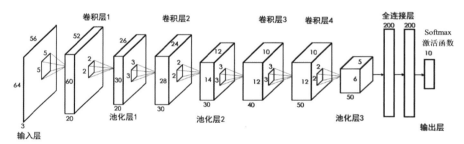

▲ 图 6-9 三层卷积的 CNN 网络结构

【任务练习】本任务展示如何训练一个简单的卷积神经网络对 CIFAR 图像进行分类。本任务使用 Keras Sequential API，创建和训练模型只需要几行代码。参考代码如下：

```
# 导入 TensorFlow
import tensorflow as tf
from tensorflow.keras import datasets, layers, models
import matplotlib.pyplot as plt

# 下载并准备 CIFAR10 数据集
(train_images, train_labels), (test_images, test_labels) = datasets.cifar10.load_data()
# Normalize pixel values to be between 0 and 1
train_images, test_images = train_images / 255.0, test_images / 255.0

# 验证数据
class_names = ['airplane', 'automobile', 'bird', 'cat', 'deer', 'dog', 'frog', 'horse', 'ship',
               'truck']
```

```python
plt.figure(figsize=(10,10))
for i in range(25):
    plt.subplot(5,5,i+1)
    plt.xticks([])
    plt.yticks([])
    plt.grid(False)
    plt.imshow(train_images[i])
    # The CIFAR labels happen to be arrays,
    # which is why you need the extra index
    plt.xlabel(class_names[train_labels[i][0]])
plt.show()


# 构造卷积神经网络模型
model = models.Sequential()
model.add(layers.Conv2D(32, (3, 3), activation='relu', input_shape=(32, 32, 3)))
model.add(layers.MaxPooling2D((2, 2)))
model.add(layers.Conv2D(64, (3, 3), activation='relu'))
model.add(layers.MaxPooling2D((2, 2)))
model.add(layers.Conv2D(64, (3, 3), activation='relu'))
model.add(layers.Flatten())
model.add(layers.Dense(64, activation='relu'))  # 增加 Dense 层
model.add(layers.Dense(10))
# 查看完整的模型架构
model.summary()


# 编译并训练模型
model.compile(optimizer='adam',
        loss=tf.keras.losses.SparseCategoricalCrossentropy(from_logits=True),
        metrics=['accuracy'])
history = model.fit(train_images, train_labels, epochs=10,
            validation_data=(test_images, test_labels))


# 评估模型
plt.plot(history.history['accuracy'], label='accuracy')
plt.plot(history.history['val_accuracy'], label = 'val_accuracy')
plt.xlabel('Epoch')
plt.ylabel('Accuracy')
plt.ylim([0.5, 1])
```

```
plt.legend(loc='lower right')
plt.show()
test_loss, test_acc = model.evaluate(test_images, test_labels, verbose=2)
```

6.7 OpenCV 基础

OpenCV 是一个基于 BSD 许可 (开源) 发行的跨平台计算机视觉和机器学习库，可以运行在 Linux、Windows、Android 和 Mac OS 操作系统上。其提供了 C++、Python、Ruby、MATLAB、C#、Ch、GO 等语言的接口，实现了图像处理和计算机视觉方面的很多通用算法。OpenCV 的核心代码由一系列 C 函数和少量 C++ 类构成，轻量且高效。OpenCV 实现了图像处理和计算机视觉方面的很多通用算法，已成为计算机视觉领域研究最有力的工具，其功能侧重于"处理"图像，如图像增强、还原、去噪、分割等等。OpenCV 可用于解决人机交互、机器人视觉、运动跟踪、图像分类、人脸识别、物体识别、特征检测、视频分析、深度图像等问题。更多详细内容可查阅 OpenCV 官网，其网址为 https://opencv.org/。

【任务练习】利用 OpenCV 将一张彩色图像转换为灰度图像，并将灰度图像存储起来。

(1) 图像读取。按照灰度图的方式读入图像，cv2.imread 函数的第二个参数选择 cv2.IMREAD_GRAYSCALE。如果需要按照彩色图像读取，只需要在 cv2.imread 函数的第二个参数选择 cv2.IMREAD_COLOR 即可。代码如下：

```
import cv2
img = cv2.imread('lena.jpg', cv2.IMREAD_GRAYSCALE)
type(img), img.shape
```

输出结果如图 6-10 所示。

```
Out[1]:  (numpy.ndarray, (721, 725))
```

▲ 图 6-10　图像读取输出结果

从结果中我们可以看到，按照灰度图的方式读到的图像数组，其形状为二维的，如果按照彩色方式读取则是三维的，特别注意 OpenCV 处理图像颜色通道顺序是 BGR(即蓝、绿、红)。

(2) 显示图像。输入以下代码，并运行。代码如下：

```
cv2.imshow('IMG_GRAY', img)
cv2.waitKey(0)
cv2.destroyAllWindows()
```

运行效果如图 6-11 所示。

> **善 学 勤 思**
>
> 分别用灰度和彩色方式读取一张图像，观察图像读取所获得的img变量有何不同？

▲ 图6-11　灰度方式读取图像并显示

(3) 存储图像。输入以下代码，并运行，直接写文件名称，灰度文件将保存在工作路径下。代码如下：

```
cv2.imwrite('lena_gray.jpg', img)
```

在工作路径下查看 lena_gray.jpg 图片文件是否存在。

项目实训

【项目目标】

菜品识别是人工智能运用在餐饮领域的一个重要突破，主要是指通过计算机对菜品图像进行处理、分析和理解，以不同模式识别各种目标和物体，并对质量较差的图像进行一系列增强和重建技术，从而有效精准识别菜品图像质量的技术。本项目以"西安美食识别"为任务，展示如何训练一个简单的卷积神经网络(CNN)来对图像进行分类识别。具体目标包括：

(1) 掌握如何创建与拆分数据集。

(2) 掌握如何实现预处理图像数据。

(3) 了解如何构建卷积神经网络模型，并完成模型训练。

(4) 掌握如何使用已训练好的模型进行图像识别分类。

菜品识别实验手册

菜品识别实训

任务一　下载并创建数据集

本实训提供了"西安美食"数据集 food，该数据集包含 23 个类别共 1644 张彩色图像，其中 1630 张图像带标签，其余 14 张为待预测图像。

1. 创建工程，建立美食数据集

创建工程"foodsRecognization"，将数据集"food"拷贝至工程文件夹下。新建卷积神经网络模型的 Python 文件 model.py，遍历带标签数据集 train 目录下的所有菜品及其标签。参考代码如下：

```
# 导入包
import os
import cv2
import numpy as np

data = []                    # 存储菜品的原始图像，以备后续利用
food_images = []             # 存储菜品图像
food_labels = []             # 存储菜品标签
N = 23                       # N 为菜品的种类数

# 遍历数据集下的所有菜品训练集
for i in range(N):
    for root, dirs, files in os.walk("food/train/" + str(i)):
        for file in files:
            if os.path.splitext(file)[1] == '.jpg':
                data.append(file)
                temp_image = cv2.imread(root + "/" + file)
                temp_image = cv2.resize(temp_image, (224, 224))
                food_images.append(temp_image)
                food_labels.append(np.int32(i))
```

2. 划分数据集

拆分数据集为训练集和测试集。其中：

(1) train_images 和 train_labels 数组是训练集，用于模型的学习。

(2) test_images 和 test_labels 数组是测试集，用来对模型进行测试。

参考代码如下：

```
from sklearn import model_selection

# 拆分数据集
train_images, test_images, train_labels, test_labels = \
    model_selection.train_test_split(food_images, food_labels, train_size=0.8, test_size=0.2)
```

任务二　数据预处理

在训练网络之前，必须对数据进行预处理。检查训练集中的图像，发现像素值处于 0 ～ 255 之间。将这些值除以 255，使其缩小至 0 ～ 1 之间，然后将其馈送到神经网络模型。这里，务必以相同的方式对训练集和测试集进行预处理。

参考代码如下：

```
train_images = np.array(train_images)
train_images = train_images.reshape([-1, 224, 224, 3]) / 255.0
train_labels = np.array(train_labels)
test_images = np.array(test_images)
test_images = test_images.reshape([-1, 224, 224, 3]) / 255.0
test_labels = np.array(test_labels)
```

任务三　构建模型

构建神经网络需要先配置模型的层，然后编译模型。

1. 设置层

神经网络的基本组成部分是层，层会从向其馈送的数据中提取表示形式。大多数深度学习都包括将简单的层链接在一起。本网络包含两个卷积层 Conv2D、两个池化 MaxPooling2D 层、一个展平 Flatten 层、两个全连接 Dense 层，最后用 softmax 输出 23 类。参考代码如下：

```
# 导入 Tensorflow，并命名为 tf
import tensorflow as tf
# 构建模型
# 设置层
model = tf.keras.models.Sequential([
    tf.keras.layers.Conv2D(32, (3, 3), activation='relu', input_shape=(224, 224, 3)),
    tf.keras.layers.MaxPooling2D(2, 2),
    tf.keras.layers.Conv2D(64, (3, 3), activation='relu'),
    tf.keras.layers.MaxPooling2D(2, 2),
    tf.keras.layers.Flatten(),
    tf.keras.layers.Dense(128, activation='relu'),
    tf.keras.layers.Dense(23, activation='softmax')
])
```

2. 编译模型

在准备对模型进行训练之前，还需要对其进行一些设置，包括：

(1) 损失函数：用于测量模型在训练期间的准确率。需要最小化此函数，以便将模型"引导"到正确的方向上。

(2) 优化器：决定模型如何根据其看到的数据和自身的损失函数进行更新。

(3) 评价指标：用于监控训练和测试步骤。这里使用了准确率，即被正确分类的比率。

参考代码如下：

```
model.compile(optimizer='adam',
        loss=tf.keras.losses.SparseCategoricalCrossentropy(),
        metrics=['accuracy'])
```

任务四 训练模型

训练神经网络模型需要执行以下步骤：

第一步，将训练数据馈送给模型。

第二步，模型学习将图像和标签关联起来。

第三步，要求模型对测试集进行预测。

第四步，验证预测是否与 test_labels 数组中的标签相匹配。

(1) 向模型馈送数据。参考代码如下：

```
history = model.fit(train_images, train_labels, batch_size=20, epochs=10,
                    validation_data=(test_images, test_labels), validation_freq=1)
```

(2) 查看模型完整的架构。参考代码如下：

```
model.summary()
```

(3) 评估准确率。参考代码如下：

```
test_loss, test_acc = model.evaluate(test_images, test_labels, verbose=2)
print('\nTest accuracy:', test_acc)
```

(4) 保存模型。参考代码如下：

```
model.save('model_foods.h5')
```

任务五 调用模型

1. 新创建预测代码，遍历并预处理测试集

新建 main.py，遍历 test 目录下的所有菜品，并对其进行预处理，方法同训练集数据。这里设置了图像与标签的映射关系，用于后续的结果输出。参考代码如下：

```
# 导入包
import os
import cv2
import numpy as np
data = []  # 存储菜品的原始图像，以备后续利用
food_images = []  # 存储菜品图像
N = 23  # N 为菜品的种类数
# 设置图像与标签的映射关系
food_names_dict = {
    0: " 美食 _ 八宝玫瑰镜糕 ",
    1: " 美食 _ 凉皮 ",
    2: " 美食 _ 凉鱼 ",
```

```
        3: " 美食 _ 德懋恭水晶饼 ",
        4: " 美食 _ 搅团 ",
        5: " 美食 _ 枸杞炖银耳 ",
        6: " 美食 _ 柿子饼 ",
        7: " 美食 _ 浆水面 ",
        8: " 美食 _ 灌汤包 ",
        9: " 美食 _ 烧肘子 ",
        10: " 美食 _ 石子饼 ",
        11: " 美食 _ 神仙粉 ",
        12: " 美食 _ 粉汤羊血 ",
        13: " 美食 _ 羊肉泡馍 ",
        14: " 美食 _ 肉夹馍 ",
        15: " 美食 _ 荞面饸饹 ",
        16: " 美食 _ 菠菜面 ",
        17: " 美食 _ 蜂蜜凉粽子 ",
        18: " 美食 _ 蜜饯张口酥饺 ",
        19: " 美食 _ 西安油茶 ",
        20: " 美食 _ 贵妃鸡翅 ",
        21: " 美食 _ 醪糟 ",
        22: " 美食 _ 金线油塔 "
}
for root, dirs, files in os.walk("food/test/"):
    for file in files:
        if os.path.splitext(file)[1] == '.jpg':
            temp_image_ori = plt.imread(root + "/" + file)
            temp_image_ori = cv2.resize(temp_image_ori, (224, 224))
            data.append(temp_image_ori)
            temp_image = cv2.imread(root + "/" + file)
            temp_image = cv2.resize(temp_image, (224, 224))
            # temp_image = img_to_array(temp_image)
            food_images.append(temp_image)
test_images = np.array(food_images)
test_images = test_images.reshape([-1, 224, 224, 3]) / 255.0
```

2. 加载模型

加载模型的参考代码如下：

```
import tensorflow as tf
model = tf.keras.models.load_model(r'model_foods.h5')
```

3. 预测模型

这里对所有图像都进行了预测，参考代码如下：

```
result = model.predict(test_images)
print("result: ", result)
```

4. 输出并可视化预测结果

输出并可视化预测结果的参考代码如下：

```
import matplotlib.pyplot as plt

# 解决中文显示问题
plt.rcParams['font.sans-serif'] = ['SimHei']
plt.rcParams['axes.unicode_minus'] = False
for i in range(14):
    plt.subplot(3, 5, i + 1)
    plt.subplots_adjust(wspace=1.5)
    plt.xticks([])
    plt.yticks([])
    plt.grid(False)
    plt.imshow(data[i])
    plt.xlabel(food_names_dict[result[i].argmax()])
plt.savefig("predict_result.png")
plt.show()
```

识别可视化结果如图 6-12 所示。

▲ 图 6-12　识别可视化结果

【项目总结】

本项目应用 TensorFlow 实现菜品识别项目，通过下载并创建数据集、预处理数据、构建模型、训练模型以及调用模型的完整开发过程，读者可以体验计算机视觉的一般开发流程，掌握图像处理的基本技能。

善 学 勤 思
这里的识别结果并没达到100%，试着去调试参数，或者增加卷积层数，观察是否可以提高识别率。

【实践报告】

项目实践报告			
项目名称			
姓名		学号	
小组名称（适合小组项目）			
实施过程记录			
测试结果总结			
后期改进思考			
成员分工（适合小组项目）			
姓名	职责	完成情况	组长评分
考 核 评 价			

评价标准：

1. 执行力：按时完成项目任务。

2. 学习力：知识技能的掌握情况。

3. 表达力：实施报告翔实、条理清晰。

4. 创新力：在完成基本任务之外，有创新、有突破者加分。

5. 协作力：团队分工合理、协作良好，组员得分在项目组得分基础上根据组长评价上下浮动。

"拿了就走"的购物新体验

情景喜剧《老娘舅》中的老板阿庆有句台词: "超市是你家, 东西随便拿。" 当年的滑稽桥段, 如今借助黑科技变成了现实。在一家名为爱趣拿的便利店, 只要入店之前扫码关注小程序, 入店后将货架上心仪的商品拿在手上或放在包里, 然后出店即可。它是全国首家搭载 5G 网络的"拿了就走, 无感支付"便利店。图 6-13 为爱趣拿便利店。

苏宁易购打造的智慧无人店 SUNINGGO, 利用人工智能和物理联等新技术, 配合金融支付、风控平台, 构建了"视觉识别 + 重力感应 + 自动支付"的智慧新能力, 消费者最快 1 秒即可完成消费, 使消费者享受"拿了就走, 无感支付"的体验。图 6-14 为苏宁第四代无人店 818。

▲ 图 6-13 爱趣拿便利店

▲ 图 6-14 苏宁第四代无人店 818

无人便利店并不是新鲜事物, 全国已有众多无人便利店, 提供 7×24 小时、无人值守和智能便利的服务。无人便利店采用先进的智能新技术和新模式, 整个购物过程没有售货员和收银员。不过临走付款时, 需要去收银台扫一下商品条形码, 以及手机端的微信钱包或支付宝。这样的智慧零售店使用的是自助服务, 但不能做到"无感"。

而眼下出现的 5G 智慧便利店, 可以做到"拿了就走", 购物的费用在客人离店时自动从手机上扣除, 很大程度上节省了排队支付时间, 这恰恰是传统超市的痛点。由于实现了有效监管, 还可防止恶意逃单。所以, "拿了就走"将引发零售行业重大变革。

参考答案

一、能力测评

1. [单选题] 计算机中记录图像的最小元素是(　　)。

A. 像素　　　　　B. 图像点　　　　　C. 细胞　　　　　D. 矩阵

2. [多选题] 以下属于计算机视觉基本任务的有（　　　　）。

A. 图像分类　　　　B. 目标检测　　　　C. 图像分割　　　　D. 目标跟踪

3. [多选题] 每个像素点的颜色都可由（　　　　）三色通道叠加表示。

A. 红色　　　　　　B. 蓝色　　　　　　C. 白色　　　　　D. 绿色　　　　　E. 黑色

4. [多选题] 基本图像分类开发主要包括哪些基本步骤？（　　　　）

A. 图像采集　　　　B. 图像清洗　　　　C. 图像标注　　　　D. 模型选择

E. 模型训练与评估　　　　　　　　　　F. 模型调用与预测

5. [填空题] 图像分割又可以分为＿＿＿＿＿＿＿＿和＿＿＿＿＿＿＿。

6. [填空题] 卷积神经网络通过＿＿＿＿＿＿＿和＿＿＿＿＿＿＿对数据进行特征提取并进行预测。

7. [实践提升] 我们生活中常会遇到不认识的蔬菜，尝试通过接入百度 AI "图像识别"技术，利用大数据算法，制作一款只要拍个照就可以一秒钟识别蔬菜的微信小程序。在此基础上，添加"查看蔬菜禁忌"和"菜谱做法推荐"等功能，具体开发可参考百度 AI 开发平台"识菜君"微信小程序。图 6-15 为"识菜君"的解决方案。

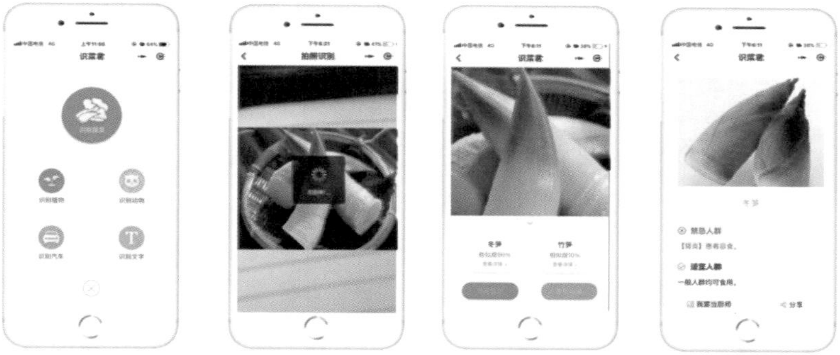

1. 选择图片　　　2. 待识别界面　　　3. 识别完成　　　4. 查看结果

▲ 图 6-15 "识菜君"解决方案

二、素质测评

进入 2022 年，90 后和部分 00 后迈入社会进入工作岗位，也逐渐成为了消费主力，而从小受到时代影响的这部分人对于消费有一套自己的喜好和偏爱，传统的餐饮消费模式已经不足以吸引他们，而一场疫情又加速了这种消费模式的改变，也让大量的商家看到了这部分群体带来的消费潜力。由此，智慧餐饮迎来了高速发展的机遇，并将在短时间内成功取代传统餐饮，成为了餐饮新的标杆。观察身边年轻人的饮食习惯，结合本节所学知识技能，想一想你心目中的智慧餐饮是什么样的，试设计解决方案，将你的方案用合适的方式 (文字、图表、视频等) 表达出来。

◀ 项目7　食堂刷脸结算——计算机视觉 ▶

教学导读

【教学导图】

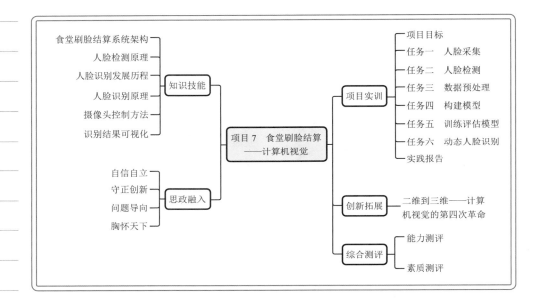

【教学目标】

知识目标	了解刷脸结算的系统架构 了解人脸检测和人脸识别的原理
技能目标	掌握人脸采集、人脸检测、数据预处理技能 体验深度神经网络模型构建、训练、调参 掌握识别结果可视化技能
素质目标	培养细致严谨、精益求精的科学精神，激发创新精神，建立自信自立的价值观
重点难点	掌握人脸检测和人脸识别的原理 构建深度神经网络，掌握模型训练评估原理

【思政融入】

思政线	思政点	教 学 示 范
自信自立 守正创新 问题导向 胸怀天下	培养细致严谨、精益求精的科学精神	在模型训练评估实践中，训练完模型，当对评估结果不满意时，需要科学、耐心调参，自行探索提升模型的泛化能力
	激发专业自豪感和创新精神	在能力测评的思考题中，查阅应用在 2022 冬奥会中的"黑科技"，列举几项计算机视觉的应用场景，结合本章所学知识技能，分析实现方案、原理
	融入自立、自信奉献、博爱积极向上的价值观	在识别结果可视化技能练习中，要求在图片中显示文本：比寻找温暖更重要的是让自己成为一盏灯火，或者其他积极向上的名言警句
	应用所学解决国计民生实际困难，培养科技报国的使命感	在素质测评中，调研我国当前所面临的人口老龄化问题，关心身边老人的切实困难，尝试应用所学专业知识解决问题

情景导入

2015 年以后，随着微信和支付宝正式商用，扫码支付迅速在全国普及。在商场、超市、菜市场中，随处可见人们使用二维码收付款。扫码支付极大地便利了买卖双方，人们再也不用携带厚重的钱包，商家不用担心现金被偷，不用花费人力管理现金，不用担心收到假币。据中国银联 2021 年调查数据显示，二维码支付用户占比已达 85%。

但是，扫码支付也存在一定的弊端，当我们发现自己手机没有电了、出门忘带手机了，是不是觉得寸步难行？并且在特定场景，比如我们在食堂吃饭的时候，端着盘子，还要掏出手机扫码确实很不方便，而刷脸结算就更加快捷方便。事实上部分学校、医院、企业食堂也已经逐渐升级为刷脸结算，图 7-1 为智慧食堂刷脸消费系统。本章我们将完成一个学校食堂刷脸结算系统的设计开发。

▲ 图 7-1　智慧食堂刷脸消费系统

本项目主要完成一个学校食堂刷脸结算系统的设计开发，在此之前，还需要掌握必要的知识技能。

7.1 食堂刷脸结算系统架构

明确项目需求后，就需要设计方案了，系统架构图可以清晰地表达技术方案的整体思路，图 7-2 为食堂刷脸结算系统架构图。该系统主要由刷脸结算终端设备、后台管理系统、客户服务终端以及云数据服务平台组成。这是一个比较复杂的系统，由于篇幅有限，而且本项目的主要目的是使读者能够实践体验人脸识别项目的开发过程，因此，在项目实训中，我们将专注于用户人脸注册与动态人脸识别功能的实现。

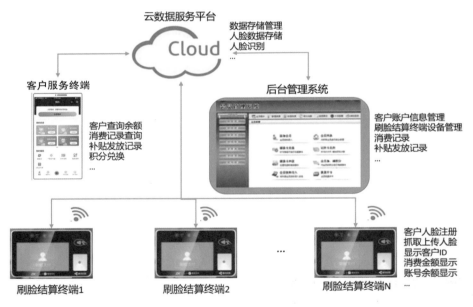

▲ 图 7-2　食堂刷脸结算系统架构

7.2 人脸检测原理

进行人脸识别 (Human Face Recognition) 之前，需要在图像或视频中检测到人脸的位置，称为人脸检测 (Human Face Detection)。本项目采用 Haar 特征实现人脸检测。Haar 是一种经典的特征提取描述子，Haar 人脸检测的主要思路是利用面部图像的灰度变化特点实现人脸检测，例如，眼睛比脸颊的颜色深，鼻梁两侧比鼻梁的颜色深，嘴巴比它周围的颜色深等。Haar 特征定义了如图 7-3 所示的四种基本模板结构，用于提取边缘特征、线性特征、中心特征和对角线特征，计算时将模板在图像中滑动计算，得到 Haar-Like 特征，继续通过例如 Adaboost 分类器实现人脸的判断。本项目采用 OpenCV 中已经训练好的级联分类器完成人脸检测。

▲ 图 7-3 Haar 特征的四种基本模板结构

> **善 学 勤 思**
>
> 查阅资料，找到还有哪些方法可以实现人脸检测？

⚙ 7.3 人脸识别发展历程

人脸识别作为人工智能的重要技术方向，一直备受关注，人脸识别技术的发展历程如图 7-4 所示。

▲ 图 7-4 人脸识别技术的发展过程

早在 20 世纪 50 年代，人们就已经开始研究人脸识别的方法，最简单的思路就是人脸之间的区别主要在于构成人脸的眼睛、鼻子、嘴巴等关键器官的形状、大小和相对位置，因此提出了基于几何特征的人脸识别方法。这种方法简单直观，但是一旦人脸姿态、表情发生变化，精度则严重下降，无法实际应用。

20 世纪 90 年代，基于特征脸 (Eigen Face) 的方法，将主成分分析 (PCA) 和统计特征技术引入人脸识别研究中，利用人脸图像的整体信息进行人脸表征，进而实现人脸识别。这一思路也在后续研究中得到进一步应用，例如线性判别分析的 Fisherface 方法。

2010 年前后，局部二值模式 (Local Binary Pattern，LBP) 成为人脸识别的主流方法，LBP 是一种可以描述图像局部纹理特征的描述子，LBP 具有旋转不变性和灰度不变性等显著优点。

2014 年前后，香港中文大学的 Sun Yi 等人提出将卷积神经网络应用到人脸识别上，采用 20 万训练数据，在 LFW(Labled Faces in the Wild) 数据集测试首次超过人眼识别准确率，这是人脸识别发展历史上的一座里程碑。

🔧 7.4 人脸识别原理

传统的人脸识别技术通过提取人脸浅层特征进行分类识别，浅层特征容易造成人脸信息的损失，泛化能力不足，卷积神经网络因为具有局部连接和权值共享的特性，能够对图像深层次的抽象特征进行提取。因此本项目选用深度卷积神经网络完成人脸识别，主要分以下几步完成，具体如图 7-5 所示。

第一步，采集用户人脸图像(食堂用餐的学生、老师)。

第二步，进行人脸检测、定位、校正。

第三步，进行数据预处理。

第四步，构建神经网络模型。

第五步，使用第一到三步处理完的数据，进行模型训练，得到特征表示 A。

第六步，用户刷脸结算时，摄像头捕捉用户人脸，利用网络模型运算得到特征表示 B。

第七步，计算特征表示 A 和特征表示 B 之间的距离，距离越小说明是同一个人的可能性就越大，该结果称为人脸相似度。

第八步，应用程序获得人脸相似度后，按照一定的阈值判断结果，比如相似度大于 80% 判定为同一个人，并对结果进行可视化与其他应用。

善 学 勤 思

查阅资料，说一说图像识别应用中，卷积神经网络与传统的特征提取方法各有哪些优缺点？

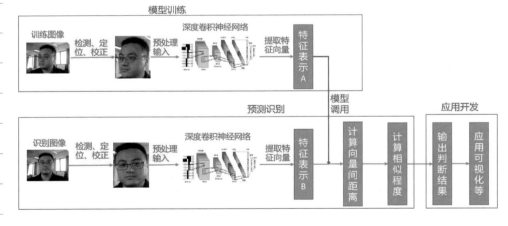

▲ 图 7-5 人脸识别流程

🔧 7.5 摄像头控制方法

当人们打好饭菜，走近食堂刷脸结算设备时，摄像头会实时捕捉到人脸，并回传到服务器或云端进行识别，因此我们需要先掌握如何控制摄像头。下面通过一个简单的任务进行练习。

【任务练习】打开摄像头，将摄像头捕捉到的画面显示在屏幕上，并将抓拍图片保存到工作路径的 data 文件夹中。

1. 打开摄像头

创建摄像头对象，打开摄像头并捕捉一帧数据。示例代码如下：

```python
import cv2
capture = cv2.VideoCapture(0)      # 创建一个摄像头对象
ret, frame = capture.read()        # 获取一帧
capture.release()                  # 释放摄像头
```

2. 捕捉并显示图像

实时显示摄像头捕捉的图像数据，在上面代码基础上增加循环功能，使其持续显示摄像头捕捉到的图像。需要特别注意的是，摄像头打开后需要用 capture.release() 退出，否则摄像头将一直被占用。示例代码如下：

```python
import cv2
capture = cv2.VideoCapture(0)      # 创建一个摄像头对象 capture
num = 0
while(True):
    ret, frame = capture.read()    # 获取一帧
    cv2.imshow('frame', frame)
    flag = cv2.waitKey(1)
    if flag == ord('q'):           # 按 q 键退出
        break
capture.release()
cv2.destroyAllWindows()
```

3. 创建图像存储路径

导入 os 模块，在工作路径下创建文件夹 data，用来保存抓拍的图片。输入以下代码，并运行后，确认文件夹 data 是否成功创建。示例代码如下：

```python
import os                          # 导入 os 模块
path = './data'                    # 工作路径下，创建 data 文件夹
if not os.path.exists(path):       # 避免反复创建报错
    os.mkdir(path)                 # 创建路径 data
```

4. 抓拍并保存图片

修改前面步骤的代码，增加抓拍代码。示例代码如下：

技能代码包
实验手册

分析右边代码，你知道怎样修改能够使视频播放速度变慢？

```python
import cv2
capture = cv2.VideoCapture(0)        # 创建一个摄像头对象
num = 0
while(True):
    ret, frame = capture.read() # 获取一帧
    cv2.imshow('frame', frame)
    flag = cv2.waitKey(1)            # 等待 1 ms
    if flag == ord('q'):             # 按 q 键退出
        break
    if flag == ord('s'):             # 按一次 s 键保存一张图片
        # 写入图片，文件名为 1.jpg、2.jpg...
        cv2.imwrite(r"./data/%s.jpg"%num, frame)
        num += 1
capture.release()
cv2.destroyAllWindows()
```

打开文件夹 data 可见如图 7-6 所示的采集结果。

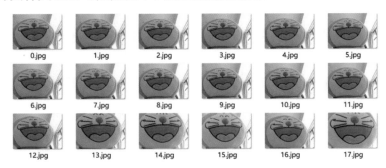

▲ 图 7-6　图像采集结果

⚙ 7.6　识别结果可视化

当完成用户人脸检测后，需要在检测到的人脸上画矩形框；当完成用户人脸识别后，需要将用户的 ID 号、账户余额、消费额等信息显示在图像上。这些功能就是识别结果可视化。下面通过一个简单的任务进行练习。

【任务练习】读取一张名为"mushroom.jpg"的图片，原图如图 7-7(a) 所示，图中有两个蘑菇，任务要求为：① 给左边蘑菇绘制红色矩形框；② 给右边蘑菇绘制黄色圆形轮廓；③ 在该图片右上角书写品红色英文文本"He is truly happy who make others happy."；④ 在该图片左上角书写品红色汉字文本"比寻找温暖更重要的是让自己成为一盏灯火。"；⑤ 保存可视化结果为"visualization.jpg"，如图 7-7(b) 所示。

(a) 原图

(b) 可视化结果

▲ 图 7-7 图像可视化

1. 读取并显示原图

新建 Python 脚本，将原图存放在工作路径下，应用项目 6 中所学的图片读取显示技能，完成原图读取显示，如图 7-7(a) 所示。示例代码如下：

```python
# 导入必要的模块
import os
import cv2
# 在工作目录下读取一张图片
img = cv2.imread('mushroom.jpg', cv2.IMREAD_COLOR)
# 先显示查看图像
cv2.imshow('IMG', img)
cv2.waitKey(0)
cv2.destroyAllWindows()
```

2. 给图中左边蘑菇绘制红色矩形框

矩形框绘制函数为 cv2.rectangle(img, pt1, pt2, (0,0,255), 2)，参数中 img 为原图，pt1 为矩形框左上角顶点坐标，pt2 为矩形框右下角顶点坐标，(0,0,255) 表示矩形框颜色设置为红色，值得注意的是 OpenCV 图片色彩通道顺序为 BGR，其他库色彩通道一般为 RGB，2 表示线宽。示例代码如下：

```python
# 给定图中左边蘑菇的坐标位置，画一个矩形框
#( 左边蘑菇的左上顶点坐标为 (x1,y1)=(240,580)，右下顶点坐标为 (x2,y2)=(470,800))，
    画矩形框
pt1 = (240,580)              # 左上角顶点坐标
pt2 = (470,800)              # 右下角顶点坐标
# 画红色矩形框，线宽为 2
img = cv2.rectangle(img, pt1, pt2, (0,0,255), 2)
# 图像显示
cv2.imshow('IMG', img)
cv2.waitKey(0)
cv2.destroyAllWindows()
```

矩形框绘制结果如图 7-8 所示。

▲ 图 7-8　矩形框绘制结果

3. 给图中右边蘑菇绘制黄色圆形轮廓

圆形框绘制函数为 cv2.circle(img, center, radius, (0, 255, 255), 2)，参数中 img 为原图，center 为圆心坐标，radius 为半径，(0, 255, 255) 表示黄色 (红绿融合)，2 为线宽。示例代码如下：

```
# 给定圆心和半径，为右边蘑菇画一个黄色圆形轮廓
# 圆心 (600,330)，半径 65
center = (600,330)
radius = 65
img = cv2.circle(img, center, radius, (0, 255, 255), 2)
# 图像显示
cv2.imshow('IMG', img)
cv2.waitKey(0)
cv2.destroyAllWindows()
```

▲ 图 7-9　圆形轮廓绘制结果

圆形轮廓绘制结果如图 7-9 所示。可以看到之前所绘制的红色矩形框依然存在，这是因为 cv2.rectangle 和 cv2.circle 等绘制函数是直接在原图 img 上绘制的，绘制的线条会保留在 img 数据，如果不想改变 img 就需要创建副本进行绘制。

4. 在图片右上角书写品红色英文文本

使用书写函数 cv2.putText(img, text, org, cv2.FONT_HERSHEY_SIMPLEX, 1.2,(255,0,255),2)，将英文文本 "He is truly happy who make others happy." 书写在图片右上角，参数 text 为要书写的文本，org 为书写位置左起点坐标，cv2. FONT_HERSHEY_SIMPLEX 为书写字体，1.2 为字号，(255,0,255) 表示品红色，2 为线宽。示例代码如下：

```
# 在右上角显示英文字符串
text = 'He is truly happy who make others happy.'
org = (100,100)
# 在 org 坐标位置，显示 text，字体为 SIMPLEX，字号大小 1.2，颜色为品红色，
  线粗为 2
img = cv2.putText(img, text, org, cv2.FONT_HERSHEY_SIMPLEX, 1.2, (255,0,255),2)
```

```
# 图像显示
cv2.imshow('IMG', img)
cv2.waitKey(0)
cv2.destroyAllWindows()
```

英文文本书写结果如图 7-10 所示。

▲ 图 7-10   英文文本书写结果

5. 在左上角显示品红色汉字文本并保存可视化结果

当直接将步骤 4 中的 text 换成中文文本，会发现中文被显示为很多问号。这是因为 OpenCV 不支持中文显示，我们需要换一种方法来解决这个问题。

PIL(Pyhon Imaging Labrary) 模块是 Python 自带的图像处理模块，可以用来显示中文字符。我们先定义一个中文显示函数，函数体内部需要注意的是，以 cv2.imread 函数读取 img 的色彩通道顺序为 BGR，而 PIL 模块中色彩通道顺序为 RBG，因此需要使用 cv2.cvtColor 函数做 BGR2RGB2、RGB2BGR 两次转换。

自定义 draw_chinese(img, text, org) 函数的参数，img 为原图，text 为待显示文本，org 为本文显示位置坐标。示例代码如下：

```
# 定义中文显示函数
from PIL import Image,ImageFont,ImageDraw
import numpy as np
def draw_chinese(img, text, org):
    img_pil = Image.fromarray(cv2.cvtColor(img, cv2.COLOR_BGR2RGB))
    # 色彩通道转换为 RGB
    font = ImageFont.truetype(font='msyh.ttc', size=40)
    draw = ImageDraw.Draw(img_pil)
    draw.text(org, text, font=font, fill=(255, 0, 255))        # 红色 RGB=(255,0,0)
    img_cv = np.array(img_pil)
    img = cv2.cvtColor(img_cv, cv2.COLOR_RGB2BGR)              # 色彩通道转换回 RGB
return img
```

调用 draw_chinese 函数显示中文，将可视化结果图像存储到工作路径，文件名为"visualization.jpg"。示例代码如下：

```
# 在左上角显示中文文字符串
text = '比寻找温暖更重要的是让自己成为一盏灯火。'
org = (10,10)
img = draw_chinese(img, text, org)
# 图像显示
cv2.imshow('IMG', img)
cv2.waitKey(0)
cv2.destroyAllWindows()
cv2.imwrite('visualization.jpg', img)
```

执行以上代码，显示结果如任务开始中图 7-7(b) 所示，并在工作路径下可查看可视化结果图片为"visualization.jpg"。

项目实训

【项目目标】

刷脸结算实验
手册

本项目完成一个简单的学校食堂刷脸结算系统的设计开发，实现刷脸结算功能中的用户人脸注册登记、人脸动态识别功能。通过本项目：

(1) 掌握如何实现人脸采集；

(2) 掌握如何实现人脸检测；

(3) 掌握如何实现视觉数据预处理；

(4) 了解如何构建深度神经网络，并完成模型训练评估；

(5) 了解如何实现动态人脸识别及识别结果可视化。

刷脸结算实训 1

任务一　人脸采集

通过上一节知识技能的学习，我们掌握了应用 OpenCV 实现图像视频的基本操作技能，现在我们就利用该知识技能来实现食堂用户人脸的采集注册。

1. 创建工程，建立人脸存储文件夹

创建工程文件夹 FaceRecognition，在文件夹下新建 Python 3 脚本文件，重命名为 DataGet。导入必要的模块，在工作路径下创建存储人脸文件的文件夹 face_img，输入以下代码，运行之后查看文件夹是否创建成功。示例代码如下：

```
# 导入必要的模块
import cv2
import os
# 创建路径用于存储人脸图片
path = './face_img'
if not os.path.exists(path):
    os.mkdir(path)
```

2. 打开摄像头，抓拍人脸

输入以下代码，并运行之后，在弹出的"请输入 ID 号"对话框中，输入待注册用户的唯一编码 (如工号、学号)，按回车键后，摄像头启动，开始进入人脸采集界面，通过按键盘上的"S"键进行人脸图片抓拍，建议抓拍 100 张以上脸部角度、表情尽量丰富的人脸图片。也可以尝试修改代码进行定时抓拍。示例代码如下：

```
cam = cv2.VideoCapture(0)
num = 1
name_id = input(" 请输入 id:")
while cam:
    ret, img = cam.read()
    # 转换为灰度图像加快运算速度
    gray = cv2.cvtColor(img, cv2.COLOR_BGR2GRAY)
    cv2.imshow('IMG', gray)
    flag = cv2.waitKey(1)
    if flag == ord('q'):
        break
    if flag == ord('s'):            # 按一次 s 键拍一张照片
        # 保存灰度照片，先在工作路径下手动创建 face_img 文件夹
        cv2.imwrite(r"./face_img/user_%s_%s.jpg"%(name_id, num), gray)
        num += 1
cam.release()                   # 释放摄像头
cv2.destroyAllWindows()         # 退出窗口
```

采集后，在 face_img 文件夹下增加了以用户 ID 号命名的子文件夹，如图 7-11 所示。

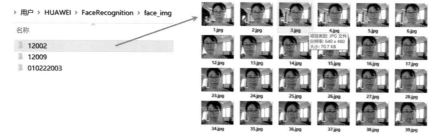

▲ 图 7-11 人脸采集结果

任务二 人脸检测

针对食堂刷脸结算的目的，我们只需要关注人脸部分，采集到的其他部位没有必要参与运算，因此需要对人脸进行 ROI(Region of Interest 感兴趣区域提

善 学 勤 思

人脸采集时的光照、俯仰角等因素都会影响识别效果，针对食堂刷脸的场景，人脸采集时有哪些注意事项？

取)。若要实现对人脸区域的图像信息提取，则需要先完成人脸检测。

通过上一节知识技能的学习，我们了解了用 Haar 算法实现人脸检测的原理。本任务就采用 OpenCV 的 Haar 级联分类器实现人脸检测。OpenCV 的 Haar 级联分类器为"haarcascade_frontalface_default.xml"，可以从"项目工程包"获得(需要安装 OpenCV-contrib 版本，在 anaconda 安装路径下搜索，找到后将其拷贝到工作路径下)。

在工程文件夹 FaceRecognition 下，新建 Python 3 脚本文件，重命名为 FaceDetect，在该脚本文件下，完成本任务代码编写。

1. 导入 OpenCV，加载分类器

导入必要的模块，加载 OpenCV 级联分类器。示例代码如下：

```python
import cv2
import os
# 加载正面人脸检测分类器
face_clf = cv2.CascadeClassifier('haarcascade_frontalface_default.xml')
```

2. 截取人脸图像

获取任务一中采集的人脸大图文件，遍历每个用户的每张大图，检测人脸并截取所检测到的人脸局部图像，统一尺寸后存储。本项目将人脸小图的分辨率统一为 160 × 160，统一尺寸的目的是方便后续输入模型进行训练。示例代码如下：

```python
# 大图存储路径
path_big = './face_img/'
# 小图存储路径
path_small = './small_face'
# 文件夹列表(有多少个用户注册就有多少个文件夹)
foldlist = os.listdir(path_big)
# 遍历每个文件夹
for foldname in foldlist:
    # 大图读取路径
    path_big_sub = os.path.join(path_big, foldname)
    filenamelist = os.listdir(path_big_sub)
    print(filenamelist)
    # 小图存放路径
    # 创建路径用于存储人脸图片
    path_small_sub = os.path.join(path_small, foldname)
    if not os.path.exists(path_small_sub):
        os.makedirs(path_small_sub)
    # 遍历大图片，检测人脸，截取人脸小图，统一尺寸并存储
    for file in filenamelist:
```

善 学 勤 思

当进行人脸检测时，在一张图片中检测到多张人脸，应该如何处理来提高代码的健壮性呢？

```
# 文件名加路径
file_path = os.path.join(path_big_sub, file)
img = cv2.imread(file_path, 1)
# 检测人脸
faces = face_clf.detectMultiScale(img, 1.3, 5)
# 根据返回绘制人脸矩形框
for x,y,w,h in faces:
    # 脸部区域提取, 注意坐标顺序
    roi = img[y:y+h,x:x+w]
    # 小图片文件名
    face_img_name = os.path.join(path_small_sub, file)
    roi = cv2.resize(roi, (160,160))
    # 存储小图片
    cv2.imwrite(face_img_name, roi)
# 显示脸部信息提取结果
cv2.imshow('ROI', roi)
k = cv2.waitKey(1)
if k == ord('q'):
    break
cv2.destroyAllWindows()
```

运行以上代码后，可以在工程路径下看到新建的 small_face 文件夹与以用户 ID 号命名的子文件夹，子文件夹中存储了该用户的脸部小图，效果如图 7-12 所示。

▲ 图 7-12　人脸检测截取结果

任务三　数据预处理

在工程文件夹 FaceRecognition 下，新建 Python 3 脚本文件，重命名为 FaceReco，在该脚本文件下，完成任务三到任务六。

1. 读取图像数据及标签

读取任务二中所采集的人脸图像及标注信息，在这里标注信息即为每个用户 ID，即图 7-12 中所示的子文件夹名称。示例代码如下：

```
# 人脸图像读入列表
X = []
# 标签读入列表
Y = []
# 人脸小图存储路径
path_small = './small_face'
# 文件夹列表
foldlist = os.listdir(path_small)
# 注册用户数量 ( 有多少个用户注册就有多少个文件夹 )
num_classes = len(foldlist)
# 遍历每个文件夹
for foldname in foldlist:
    # 获取子文件夹列表
    path_small_sub = os.path.join(path_small, foldname)
    filenamelist = os.listdir(path_small_sub)
    # 遍历小图片，读入到 X 中，将标签同步计入 Y 中
    for file in filenamelist:
        file_path = os.path.join(path_small_sub, file)
        img = cv2.imread(file_path, cv2.IMREAD_GRAYSCALE)
        X.append(img)
        Y.append(foldname)
        # 文件夹名称即客户 ID( 注册录入时输入客户 ID，作为文件夹名字 )
```

2. 标签独热编码，切分训练集与测试集

为了满足模型训练的输入要求，需要将分类标签信息进行独热编码。前面所采集的数据集是以用户 ID 字符串作为分类标签，需要将标签数字化编码。数字化编码后进一步将标签数据独热编码。

一般在模型训练时，需要把数据集随机切分为训练集和测试集，以方便模型验证评估。这里将训练集与测试集按照 80% 与 20% 的占比切分。示例代码如下：

```
# 转换为 numpy 数组形式
X = np.asarray(X)
X = X.reshape(len(X), X.shape[1], X.shape[2], 1)
Y = np.asarray(Y)
print('X：全部人脸小图数据 :', X.shape)
print('Y：全部人脸小图标签 :', Y.shape)
# 对类别进行数值化处理
le = preprocessing.LabelEncoder()
Y_num = le.fit_transform(Y)         # 按照学号、工号对结果编码
# 独热编码
```

```
Y_onehot = keras.utils.to_categorical(Y_num, num_classes)
# 数据切分为测试集和训练集
x_train, x_test,y_train, y_test=train_test_split(X,Y_onehot,test_size = 0.2)
print('x_train：训练集人脸小图数据 :', x_train.shape)
print('y_train：训练集人脸小图标签 :',y_train.shape)
print('x_test：训练集人脸小图数据 :', x_test.shape)
print('y_test：训练集人脸小图标签 :',y_test.shape)
```

　　完成数据预处理后，可以打印训练
集图像与标签来查看数据格式，如图 7-13
所示。在本例中采集了两名用户的人脸信
息，检测并截取 355 张人脸小图，每张人
脸小图的尺寸为 160×160。进行训练集
与测试集切分后，训练集为 284 张图像及标签，而测试集为 71 张。

```
X：全部人脸小图数据：(355, 160, 160, 1)
Y：全部人脸小图标签：(355,)
x_train：训练集人脸小图数据：(284, 160, 160, 1)
y_train：训练集人脸小图标签：(284, 3)
x_test：训练集人脸小图数据：(71, 160, 160, 1)
y_test：训练集人脸小图标签：(71, 3)
```

▲　图 7-13　数据集切分前后的存储格式

任务四　构建模型

　　实现食堂刷脸结算，需要分辨用户是谁，且能够通过刷脸结算设备动态完
成刷脸。这就需要我们完成动态人脸识别。在上节知识技能中已经了解了人脸
识别的常见方法及原理。目前实现动态人脸识别效果较好的是卷积神经网络。
下面使用卷积神经网络完成动态人脸识别。

1. 导入必要的模块

　　导入所需的模块，通过 TensorFlow 导入 keras 包含的网络构建、优化器、
数据集、序列化等模块。示例代码如下：

```
# 导入相关模块
import os
import cv2
import numpy as np
import pandas as pd
import  tensorflow as tf
from tensorflow import keras
from tensorflow.keras import layers, optimizers, datasets, Sequential
from tensorflow.keras.layers import Conv2D, Activation, MaxPooling2D, Dropout,
Flatten, Dense
from sklearn import preprocessing
from sklearn.model_selection import train_test_split
```

2. 构建动态人脸识别卷积神经网络

　　定义模型构建函数 CNN_classification_model，在函数中实例化模型，并逐
层添加卷积、池化层与 Dropout 层。我们在项目 6 的知识技能中已经学过卷积

刷脸结算实训 2

层 (Conv2D) 和池化层 (MaxPool2D) 的作用，Dropout 层的目的主要是为了防止训练过拟合。

构建动态人脸识别卷积神经网络的示例代码如下：

```python
# 构建卷积神经网络
def CNN_classification_model(input_shape, drop_rate, output_size):
    # 实例化模型
    model = tf.keras.models.Sequential()
    # 添加第一层卷积层
    model.add(tf.keras.layers.Conv2D(32, (3, 3), input_shape=input_shape, padding=
            'SAME'))
    # 2*2 池化层
    model.add(tf.keras.layers.MaxPool2D((2, 2), padding='SAME'))
    # 增加 Dropout 层，避免过拟合
    model.add(tf.keras.layers.Dropout(drop_rate))
    # 添加第二层卷积层
    model.add(tf.keras.layers.Conv2D(64, (3, 3), padding='SAME'))
    # 2*2 池化层
    model.add(tf.keras.layers.MaxPool2D((2, 2), padding='SAME'))
    # 增加 Dropout 层，避免过拟合
    model.add(tf.keras.layers.Dropout(drop_rate))
    # 添加第三层卷积层
    model.add(tf.keras.layers.Conv2D(64, (3, 3), padding='SAME'))
    # 2*2 池化层
    model.add(tf.keras.layers.MaxPool2D((2, 2), padding='SAME'))
    # 增加 Dropout 层，避免过拟合
    model.add(tf.keras.layers.Dropout(drop_rate))
    # 添加全连接深度神经网络层
    # 展平
    model.add(tf.keras.layers.Flatten())
    # 第一层全连接层
    model.add(tf.keras.layers.Dense(512))
    # Dropout 层
    model.add(tf.keras.layers.Dropout(drop_rate))
    # 输出层，需要识别的用户个数就是 output_size
    model.add(tf.keras.layers.Dense(output_size, activation='softmax'))
    # 编译模型
    model.compile(optimizer='adam',loss='categorical_crossentropy', metrics= ['accuracy'])
    return model
```

任务五　训练评估模型

1. 初始化模型参数，加载模型

在任务四中定义了神经网络构建函数，现在需要实例化一个网络模型。在前面数据采集时统一将人脸小图的尺寸调整为160×160，因此网络输入变量形状为(160,160,1)。前面构建网络时增加了Dropout层，在这里需要输入比例参数，将其设置为0.5。代码中的 output_size 是网络输出数，注册 N 个用户就设置为 N。示例代码如下：

```
# 实例化网络
input_shape = (160,160,1)
drop_rate = 0.5
output_size = 2              # 注册用户的数量
model = CNN_classification_model(input_shape, drop_rate, output_size)
model.summary()             # 网络摘要信息
```

上面代码最后输出了网络概要信息 (如图 7-14 所示)，主要描述了各层网络的输出形状与参数个数等信息。

```
Model: "sequential_1"

Layer (type)                    Output Shape              Param #
=================================================================
conv2d_3 (Conv2D)               (None, 160, 160, 32)      320

max_pooling2d_3 (MaxPooling2    (None, 80, 80, 32)        0

dropout_4 (Dropout)             (None, 80, 80, 32)        0

conv2d_4 (Conv2D)               (None, 80, 80, 64)        18496

max_pooling2d_4 (MaxPooling2    (None, 40, 40, 64)        0

dropout_5 (Dropout)             (None, 40, 40, 64)        0

conv2d_5 (Conv2D)               (None, 40, 40, 64)        36928

max_pooling2d_5 (MaxPooling2    (None, 20, 20, 64)        0

dropout_6 (Dropout)             (None, 20, 20, 64)        0

flatten_1 (Flatten)             (None, 25600)             0

dense_2 (Dense)                 (None, 512)               13107712

dropout_7 (Dropout)             (None, 512)               0

dense_3 (Dense)                 (None, 2)                 1026
=================================================================
Total params: 13,164,482
Trainable params: 13,164,482
Non-trainable params: 0
```

▲ 图 7-14　网络概要信息

> **善 学 勤 思**
> 观察左边网络概要信息，分析每一层 Output Shape 和 Param 的数值规律。

2. 模型训练、评估与存储

数据准备就绪，网络已经加载完成，现在就可以开始训练模型了。在模型训练函数 model.fit 中，x_train 为训练集图像数据；y_train 为训练集标签数据；

epochs=30 表示训练 30 轮，可以根据实际情况适当调整；verbose 表示训练过程可视化的显示方式，对训练结果影响不大；validation_split=0.2 指本轮训练中，留出 20% 的数据不参与训练，用于本轮结束时自动验证计算损失值和精度。注意与前面数据集切分训练集与测试集的使用阶段和目的不同。

完成模型训练后，可以用 model.evaluate 函数进行评估，此时就可以用任务三数据预处理中所切分留出的测试集数据 x_test 和 y_test 进行模型评估。如果对评估结果不满意，则可以通过尝试调整训练参数重新训练，直到满意为止。如果现有数据集调参效果不明显，则可以考虑将所采集的图像进行图像增广，提升模型的泛化能力。

示例代码如下：

```
# 模型训练
model.fit(x_train, y_train, epochs=30, verbose=1, validation_split=0.2)
# 模型评估
metrics = model.evaluate(x_test, y_test, verbose=0)
print(metrics)
# 模型存储
model.save_weights('./faceReco_weights.h5')
model.save('./final_faceReco.h5')
```

当模型效果满足要求时，就可以存储模型，模型存储为"final_faceReco.h5"或"faceReco_weights.h5"文件的形成，存放于工程路径下。以上代码中我们用 model.save 和 model.save_weights 两种形式分别保存了模型。其中，model.save 保存了完整的模型结构和参数信息，文件较大，但是调用简单；而 model.save_weights 只保存模型的参数，文件较小，但是调用时需要重新描述模型结构，再加载参数，相对比较复杂。

任务六　动态人脸识别

动态人脸识别指的是不需要停驻等待，只要有人出现在一定识别范围内，无论这个人是行走还是停立，系统就会自动进行识别。当我们在食堂打完饭菜，需要结账时，我们需要站在刷脸结算终端设备的摄像头前完成动态人脸识别。

1. 建立识别结果与用户信息的关联

由于识别结果并不直接反映用户信息，我们需要实现识别结果与用户信息的关联，这里先定义 user_Info_get 函数实现关联功能。实际在一个食堂刷脸结算系统中，用户的注册信息、账户信息需要存储于数据库中管理，但篇幅有限，且重点不在此，此处用 y_dic 字典结构简单表示。示例代码如下：

```
# 根据识别结果获取用户 ID( 工号 / 学号 )
def user_Info_get(y_pre):
```

```
# 根据识别结果获取用户 ID( 工号 / 学号 )
def user_Info_get(y_pre):   # 用户信息
    y_dic = {0:{'ID':'12002',' 余额 ':85, ' 消费 ':15 }, 1:{'ID':'12009',' 余额 ':84,' 消费 ':16 }}
    # 输出格式转换
    y_pre_num = []
    y_user_Info = []
    # 预测结果转换为用户编号
    for i in range(len(y_pre)):
        y_pre_num.append(y_pre[i].argmax())
    # 预测结果转换为用户信息
    for i in range(len(y_pre_num)):
        temp = y_dic[y_pre_num[i]]
        y_user_Info.append(temp)
    return y_user_Info
```

2. 定义中文显示函数

由于 OpenCV 不支持中文显示，需要应用 PIL 库中的 Image、ImageFont、ImageDraw 模块实现中文显示。示例代码如下：

```
# 定义中文显示函数
from PIL import Image,ImageFont,ImageDraw
def draw_chinese(img, text, pos):
    img_pil = Image.fromarray(cv2.cvtColor(img, cv2.COLOR_BGR2RGB))
    # 色彩通道转换为 RGB
    font = ImageFont.truetype(font='msyh.ttc', size=20)
    draw = ImageDraw.Draw(img_pil)
    draw.text(pos, text, font=font, fill=(255, 0, 0))          # 红色 RGB=(255,0,0)
    img_cv = np.array(img_pil)
    img = cv2.cvtColor(img_cv, cv2.COLOR_RGB2BGR)          # 色彩通道转换回 RGB
    return img
```

3. 动态人脸识别与可视化

在食堂刷脸结算的应用场景中，当人脸出现在刷脸结算设备的摄像头前时，可以实时检测并完成动态人脸识别。关联用户信息后，再根据项目 6 中的菜品识别得到消费数据进行扣费。

这里，动态人脸检测依然采用数据采集中的 Haar 人脸检测方法。摄像头的操作技能，我们在知识技能中已经学习过。

在人脸动态识别中，我们直接调用任务五中训练好的模型进行识别。示例代码如下：

```
cam = cv2.VideoCapture(0)
# 加载人脸检测分类器
face_cascade = cv2.CascadeClassifier('haarcascade_frontalface_default.xml')
# 加载人脸识别模型
new_model = tf.keras.models.load_model('final_faceReco.h5')
while True:
    ret, img = cam.read()
    gray = cv2.cvtColor(img, cv2.COLOR_BGR2GRAY)    # 转灰度
    faces = face_cascade.detectMultiScale(gray,1.2, 5)        # 人脸检测
    if len(faces)>1: # 过滤多张人脸，避免误触发
        continue
    for x,y,w,h in faces:
        # 在原图中画出人脸矩形框
        img = cv2.rectangle(img, (x,y), (x+w,y+h),(0,255,0),2)
        # 人脸部分截取
        roi = gray[y:y+h, x:x+w]
        # 模型要求图像尺寸为 160*160
        roi = cv2.resize(roi,(160,160))
        # 输入图像四维化，满足模型要求
        roi = roi.reshape(-1,160,160,1)
        # 识别
        y_pre_s = new_model.predict(roi)
        # 预测结果转换为用户工号 / 学号
        y_user_Info = user_Info_get(y_pre_s)
        img = draw_chinese(img, ' 工号 / 学号 :'+str(y_user_Info[0]['ID']), (x,y-70))
        img = draw_chinese(img, ' 消费 :'+str(y_user_Info[0][' 消费 '])+' 元 ', (x,y-50))
        img = draw_chinese(img, ' 余额 :'+str(y_user_Info[0][' 余额 '])+' 元 ', (x,y-30))
        cv2.imshow('person', img)
    flag = cv2.waitKey(1)
    if flag == ord('q'):
        break
cam.release()
cv2.destroyAllWindows()
```

执行结果如图 7-15 所示。

▲ 图 7-15　识别结果

【项目总结】

本项目应用 Haar 算法实现人脸检测采集，应用 Keras 构建神经网络，实现

结合本项目中的食堂刷脸结算系统架构图，分析项目中哪些工作是在刷脸终端完成的，哪些是在云数据服务平台完成的，哪些是在管理平台完成的。

人脸动态识别。完成了食堂刷脸结算中最核心的动态人脸识别功能。通过该项目实践体验，读者可以了解计算机视觉应用开发的一般流程，掌握人脸检测、人脸识别的基础原理与基本技能。读者完成项目实训后，可以进一步对代码进行模块化整理，尝试将比较独立的功能封装为函数或类的形式。

【实践报告】

项目实践报告			
项目名称			
姓名		学号	
小组名称（适合小组项目）			
实施过程记录			
测试结果总结			
后期改进思考			
成员分工（适合小组项目）			
姓名	职责	完成情况	组长评分

考核评价

评价标准:

1. 执行力:按时完成项目任务。
2. 学习力:知识技能的掌握情况。
3. 表达力:实施报告翔实、条理清晰。
4. 创新力:在完成基本任务之外,有创新、有突破者加分。
5. 协作力:团队分工合理、协作良好,组员得分在项目组得分基础上根据组长评价上下浮动。

创 新 拓 展

二维到三维——计算机视觉的第四次革命

对于学校、企业食堂而言,用户人群范围固定,消费金额也不大,盗刷风险很小。但是,在商场、超市或者金融等刷脸支付应用场景中,一定要考虑盗刷的风险,这就需要人脸的活体检测。当前主流的刷脸支付终端有微信的青蛙、支付宝的蜻蜓、中国银联的蓝鲸,它们均采用三维人脸成像技术实现活体人脸检测。图 7-16 所示为主流刷脸支付终端设备。主流的三维视觉成像技术包括双目视觉、3D 结构光与 TOF(Time of Flight)。

(a) 青蛙　　　　　　(b) 蜻蜓　　　　　　(c) 蓝鲸

▲ 图 7-16　主流刷脸支付终端设备

纵观计算机视觉的发展历程,主要经历了四次关键的突破:第一次是从黑白到彩色的突破(黑白照片到彩色照片);第二次是从模拟信号到数字信号的变革（数码相机）；第三次是电荷耦合元件的应用实现了低像素到高像素的转变（高清影像）。第四次则是二维视觉转向三维视觉的升维革命。

实际上，当前很多计算机视觉的应用都是基于二维视觉研究的，二维视觉是将三维景物映射成二维图像，可以大大降低运算量和计算难度，满足很多应用场景，例如动植物分类、客流量统计、人体行为识别等。然而，二维视觉毕竟损失了深度信息，不能真实地反映出三维客观世界。随着三维传感处理技术的不断成熟与成本的下降，三维视觉将被越来越广泛地研究与应用。三维视觉主要的应用场景有自动驾驶、刷脸支付、工业视觉检测、数字孪生工厂、虚拟／增强现实、机器人路径规划等，如图 7-17 所示。

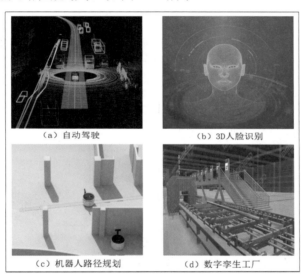

（a）自动驾驶　　　　　（b）3D人脸识别

（c）机器人路径规划　　　（d）数字孪生工厂

▲ 图 7-17　三维视觉的应用场景示意图

综合测评

参考答案

一、能力测评

1. [单选题] 以下不属于计算机视觉应用场景的是（　　　）。

A. 文字识别　　　　B. 人脸识别　　　　C. 智能语音客服　　　D. 医疗影像

2. [多选题] 人脸识别的技术发展历程包括（　　　）。

A. 几何特征　　　　B. "特征脸"　　　　C. LBP　　　　　　D. 卷积神经网络

3. [多选题]Haar 特征是一种反映图像灰度变化，像素分模块求差值的一种特征，Haar 特征模板包括（　　　）。

A. 边缘特征　　　　B. 线性特征　　　　C. 中心特征　　　　D. 对角线特征

4. [多选题]CascadeClassifier 是 OpenCV 在人脸检测时的一个级联分类器，包括以下哪几种特征？（　　　）

A. Haar　　　　　　B. LBP　　　　　　C. HOG　　　　　　D. PHOG

5.[填空题] 卷积神经网络实现人脸识别中,计算特征表示 A 和特征表示 B 之间的距离,距离越小说明是同一个人的可能性就越大,该结果称为_____。

6.[填空题] 图像颜色表示方式有很多种,常见的有 RGB 格式,_____表示白色,_____表示黑色,_____表示蓝色。

7.[思考题]2022 年初北京冬奥上展现了众多"黑科技"令各国瞩目,向各国运动员展示了我国科技实力。无论是在赛事本身、防疫措施、服务保障乃至文化体验等多个方面都很好地运用了视觉技术、人工智能、5G、大数据等高科技。奥运村的"无人厨房"抢先成为运动员们的"网红"打卡地,十足的未来科技范儿,多国媒体竞相报道机器送餐、机器人调酒等情景,有外国媒体称"冬奥会的餐厅场景就像一部科幻电影"。部分媒体报告图片如图 7-18 所示。

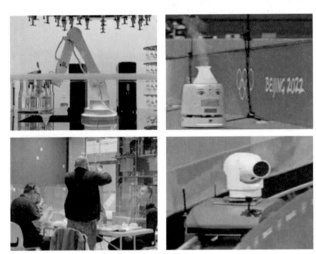

▲　图 7-18　2022 北京冬奥会"黑科技"

学习了计算机视觉的知识技能,查阅北京冬奥会相关影像资料,找出 3 个以上应用计算机视觉技术的场景,并说明它们是如何实现的?

二、素质测评

国家统计局数据显示,2021 年我国出生人口为 1062 万人,出生率为 7.52‰;死亡人口 1014 万人,死亡率为 7.18‰,人口自然增长率为 0.34‰。相关部分预测"十四五"期间,我国将进入人口负增长阶段,这也就意味着我国人口老龄化问题会逐步凸显。观察身边老人的衣食住行,结合本节所学知识技能,想一想你心目中的智慧养老是什么样的,试设计解决方案,将你的方案用合适的方式(文字、图表、视频等)表达出来。

模 块 四

▶▶▶▶ 会 推 理

项目 8　电影影评情感分析
——自然语言处理

教学导读

【教学导图】

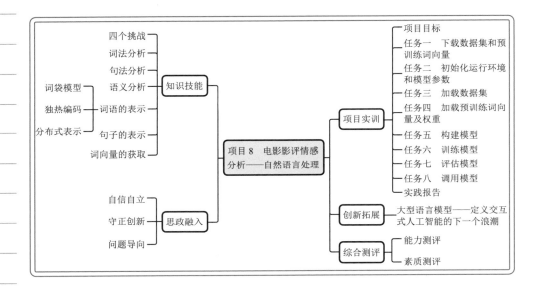

【教学目标】

知识目标	理解自然语言处理的基本概念、研究内容和应用领域
技能目标	通过项目实训掌握典型自然语言处理任务所必需的各项技能
素质目标	通过学习，养成良好的自主学习习惯，具有吃苦耐劳的精神 在项目实训中能表现出团队协作能力，并形成数据驱动的科学价值观
重点难点	能充分认识自然语言处理的建模和算法过程，并通过项目实训掌握词法分析相关的技术、句法分析技术，熟悉情感分析相关的概念、场景以及情感分析的流程，能够熟练运用常用的深度学习算法解决自然语言处理中的工程应用问题

【思政融入】

思政线	思政点	教学示范
自信自立 守正创新 问题导向	增强文化自信，培养民族自豪感	项目实训开始前，通过项目背景的电影简介，了解我国数字新媒体产业的蓬勃发展以及中国文化价值传播的具体路径
	培养从问题出发，实事求是的科学精神	在创新拓展关于大型语言模型的介绍中，通过国内相关研究的进展对比，了解国内团队取得的成就，客观认识我国技术发展现状

情景导入

随着社交网络的兴起，更多人选择在网络上发表自己对影视作品的观点，这就为影视投资者提供了一种更便捷的方式来了解观众对电影的反馈。例如，豆瓣影评中包含了海量用户或积极或消极的情感观点，而豆瓣影评的情感倾向分析可以帮助投资者做出决策，提升作品质量。

情感分析 (Sentiment Analysis) 是近年来国内外研究的热点，其主要是从一个句子、一段话或一个文档中将作者的情感划分为积极、消极和中性三种情绪，从而帮助用户快速地获取、整理和分析有关评价信息，对带有情感色彩的主观性文本进行分析、处理、归纳和推理。情感分析包含较多的任务，如情感分类 (Sentiment Classification)、观点抽取 (Opinion Extraction)、观点问答 (Opinion Question and Answer) 和观点摘要 (Opinion Abstraction) 等。若仅从文本的倾向性进行判别，就可以将其视为一个分类任务；若要从观点句中抽取相关的要素 (观点持有者、观点评价对象等)，则可视为信息抽取任务；若要从海量文本中发现或匹配对某一事物的观点，就可视为一个检索任务。图 8-1 是华为云自然语言体验中心情感分析示例。

▲ 图 8-1　华为云情感分析体验

自然语言处理
层次

我们的项目需求是完成电影影评情感分类，情感分析是自然语言处理的典型应用场景，因此需要掌握基本的自然语言处理相关知识技能。

自然语言处理 (Natural Language Processing，NLP) 是研究人与计算机交互的语言问题的一门学科。NLP 包括两大核心任务：自然语言理解 (Natural Language Understanding，NLU) 和自然语言生成 (Natural Language Generation，NLG)。

自然语言理解是指将人类的语言符号 (如文字、语音) 转化为计算机能够理解的语言，具体是指对语言、文本等数字化 (向量化)，提取出有用的信息 (很像是数据挖掘)，用于下游的任务。NLU 的下游任务可以是使自然语言结构化，比如分词、词性标注、句法分析等；也可以是表征学习，字、词、句子的向量表示 (Embedding)，构建文本表示的文本分类；还可以是信息提取，如信息检索 (包括个性化搜索、语义搜索、文本匹配等)、信息抽取 (包括命名实体提取、关系抽取、事件抽取等)。

自然语言生成 (NLG) 是指计算机根据结构化的数据、文本、图表、音频、视频等，理解这些数据包含的意思再生成人类可以理解的自然语言形式的文本。

NLG 常见任务可分为三大类：文本到文本 (Text-to-Text)，如翻译、摘要等；文本到其他 (Text-to-Other)，如文本生成图片；其他到文本 (Other-to-Text)，如视频生成文本。自然语言处理的典型应用场景是情感分析。

8.1　四 个 挑 战

自然语言处理面临很多挑战，最典型的四个研究难题是问答、复述、摘要和翻译。

(1) 问答：让模型像人类一样回答人们提出的各种问题。例如智能手机上的语音助手功能。

(2) 复述：让模型将一句或一段文本 A 改写成文本 B，要求文本 B 采用与文本 A 略有差异的表述方式来表达与文本 A 相近的意思。例如，下面四个句子的意思完全一致：

今天下午，我们把教室打扫干净了。

今天下午，教室被我们打扫干净了。

我们今天下午把教室打扫干净了。

难道我们今天下午把教室打扫得还不够干净吗？

（3）摘要：让模型根据一篇很长的文章生成一个短文文摘。例如新闻的主题摘要自动生成功能。

（4）翻译：让模型将一种自然语言（源语言）转换为另一种自然语言（目标语言）的过程。例如百度翻译。

为了更加全面地认识自然语言处理，下面从三个层面来了解自然语言处理相关的分析技术。

⚙ 8.2　词法分析

词法分析包括分词 (Word Segmentation/Tokenization)、词性标注 (Part-of-Speech Tagging，POS Tagging)、命名实体识别 (Named Entity Recognition)、词义消歧 (Word Sense Disambiguation) 和指代消解 (Coreference Resolution)。

1. 分词

分词就是将句子拆分成单个的字或词语的技术。对于英语文本来说，分词很简单，按照空格分开即可，但是中文博大精深，语义丰富，同样的一句话可能有不同的含义。例如，我们的词库中有以下字或单词：武汉、市、武汉市、市长、武汉市长、长江、大桥、长江大桥、江大桥。那么对于"武汉市长江大桥。"这句话进行分词，使用不同算法可能得到以下不同结果：

武汉 / 市长 / 江大桥。

武汉市 / 长江 / 大桥。

武汉市长 / 江大桥。

武汉市 / 长江大桥。

可以看到，相同的一句话在不同分词方法下会得到不同的含义。

2. 词性标注

词性标注也叫语法标注 (Grammatical Tagging)，它是将文本中的单词按词性及其含义和上下文内容进行标记的文本数据处理技术。

例如，我们使用下面这段话作为输入，查看词性标注结果。具体输入内容为：

计算机工程技术学院（人工智能学院）是全国教育系统先进集体、广东省首批示范性软件学院、中国计算机学会 CSP 软件能力认证高职试点单位，2019年成为中国特色高水平专业群建设单位。

词性标注结果如图 8-2 所示。

▲ 图 8-2　词性标注结果

3. 命名实体识别

命名实体识别的任务是识别句子中的人名、地名和机构名称等命名实体。每一个命名实体都是由一个或多个词语构成的。

例如，上例中的词汇“中国计算机学会”实体识别结果是机构名，而词汇“广东省”实体识别结果是地名。

4. 词义消歧

词义消歧是根据句子上下文语境来判断一个或多个词语的真实意思。例如：

雷军是小米的创始人。
今天的早餐是小米粥。

上述两句话中的小米分别是指小米公司和粮食作物。

5. 指代消解

指代消解主要是识别代词对文本中同一实体或对象不同的表达的过程。例如：

小明的朋友肚子不舒服，**他**赶紧把**他**送到了医院，**他**在**那里**打了点滴情况才好一点。

在这句话里面，我们将粗体部称为代词，被指代的具体实体或对象称为先行词，而根据代词找出对应的先行词的过程就是指代消解。示例代词及其含义如表 8-1 所示。

表 8-1　示例代词及其含义

代　词	先行词
他	小明
他	小明的朋友
他	小明的朋友
那里	医院

实际场景中，模型还需要搭配动词支配关系、语义关系等，才能够像人脑一样给出正确的判断。例如：

老师看到小明欺负了小强，因此批评了<u>他</u>。(指小明)
老师看到小明欺负了小强，因此安慰了<u>他</u>。(指小强)

⚙ 8.3 句法分析

句法分析的基本任务是判断句子的语法结构，确定句子中词汇之间的依存关系。句法分析自动分析文本中的依存句法结构信息，将输入句子由序列变为树状结构，从而可以捕捉到句子内部词语之间的搭配或者修饰关系。短语结构句法分析 (Constituent Syntactic Parsing) 和依存结构句法分析 (Dependency Syntactic Parsing) 是两种句法分析的主流方法。句法分析得出的句法结构有助于上层的语义分析以及机器翻译、问答、文本挖掘、信息检索等应用。

1. 短语结构句法分析

短语结构句法分析不断地将句子的成分 (包括短语和句子) 按照规则组成新的短语，从而得到句子的结构。例如：

我的猫喜欢吃猫粮。

首先可以得到短语【我的猫】和【吃猫粮】，然后又可以得到短语【喜欢【吃猫粮】】，形成的短语结构树如图 8-3 所示。

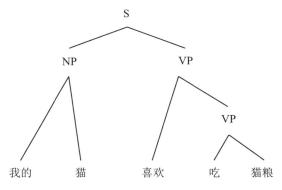

▲ 图 8-3 短语结构树

从图 8-3 中可以看到短语结构树的每一个叶子节点都是原始句子中的单词，而每个非叶子节点都是用于标记短语结构的。其中 NP 表示名词短语，单词【我的】和【猫】组成了名词短语【我的猫】；VP 表示动词短语，【吃猫粮】就是一个动词短语。

2. 依存结构句法分析

依存结构树和短语结构树不同，依存结构树主要用于表达句子中单词之间的相互依存关系。通常可以表示成 (单词 1，关系，单词 2) 三元组，单词 2 依赖于单词 1，如主谓宾结构等。还以上面的句子为例，对应的依存结构树如图 8-4 所示。

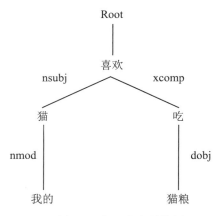

▲　图 8-4　句子依存结构树

依存结构树中子节点依存于父节点，例如【我的】依存于【猫】，节点之间的直线表示单词之间的依存关系。图中的 nmod 是复合名词修饰 (noun compound modifier)，nsubj 是名词主语 (nominal subject)，dobj 是直接宾语 (direct object)，xcomp 是 x 从句补语 (x clausal complement)。

还有其他依存关系，这里由于篇幅所限就不一一列举了。

8.4 语义分析

语义分析是运用各种人工智能方法学习与理解句子或文本表达的真实语义。常见的语义分析任务有阅读理解 (Machine Reading Comprehension)、文本摘要 (Text Summarization) 和综合任务。

1. 阅读理解

阅读理解的常见任务主要有完形填空、多项选择、片段抽取、生成式、会话和多跳推理六个。

(1) 完形填空：将文章中的某些单词隐去，让模型根据上下文判断被隐去的单词。

(2) 多项选择：给定一篇文章和一个问题，让模型从多个备选答案中选择一个最有可能是正确答案的选项。

(3) 片段抽取：给定一篇文章和一个问题，让模型从文章中抽取连续的单词序列，并使得该序列尽可能地作为该问题的答案。

(4) 生成式：给定一篇文章和一个问题，让模型生成一个单词序列，并使得该序列尽可能地作为该问题的答案。与片段抽取任务不同的是，该序列不再限制于是文章中的句子。

(5) 会话：目标与机器进行交互式问答，通常交互的内容越长，难度越大，现在也有可以直接使用语言进行交互的应用，例如百度的小度助手、小米的小爱同学等。

(6) 多跳推理：问题的答案无法从单一段落或文档中直接获取，而是需要结合多个段落进行链式推理才能得到答案。因此，机器的目标是在充分理解问题的基础上从若干文档或段落中进行多步推理，最终返回正确答案。

2. 文本摘要

摘要是一段简短的文字，可以精确地表达原文档中所包含的最重要、最相关的信息。文本摘要是指通过启发式或统计方法来使用模型对一份或多份文档进行摘要。根据摘要输出类型，文本摘要可以分为抽取式和生成式两种。

(1) 抽取式 (Extractive) 文本摘要：从文档中识别出重要的句子或关键词，并逐字复制，将其作为摘要的一部分。它的特点是在摘要生成过程中只使用原有文本，不产生新的句子或文字，其通顺度要比生成式文本摘要好。

(2) 生成式 (Abstractive) 文本摘要：采用更强大的自然语言生成技术 (NLG)来解释文本并生成新的摘要文本。其特点是根据源文档内容，由算法模型自己生成自然语言描述，而不是选择原文中的句子来生成摘要。

新闻的主题摘要自动生成可通过链接 https://ai.baidu.com/tech/nlp_apply/news_summary 进行体验。

3. 综合任务

(1) 交叉多个技术的综合研究：例如，根据程序员编写的程序自动生成注释，就综合了自然语言处理的摘要和翻译两种技术，具体可通过链接 https://blog.csdn.net/weixin_28979339/article/details/112659291 进行体验。

再如，利用 Python 来判断一个字符串是否为回文，即正着读和反着读都通顺的句子，如"火柴当柴火""油灯少灯油"等。只要输入以下代码：

```
def is_palindrome(s):
    """Check whether the string s is a palindrome"""
```

系统就会自动补全剩余代码，代码如下：

```
return s == s[::-1]
```

(2) 智能阅卷任务：用户通过拍照或扫码仪将纸质作业、作文、试卷等转化为图片，模型在自动提取和识别题目、答题内容后，可与答案库进行正确性匹配，方便教师快速判卷，提升工作效率及质量。该任务结合了手写体和印刷体字符识别、知识推理等技术，可通过链接 https://ai.baidu.com/tech/ocr/doc_analysis 进行体验。

文本表示技术

⚙ 8.5 词语的表示

自然语言处理就是使用模型去建模语言，以使计算机完成语言处理的任务。语言是有时序性的，"你好吗？"不能胡乱写成"吗你好？"。那么，模型是如何根据不完整的句子正确预测出相应的词语呢？假设语料库中有以下句子：

我爱中国。

爸爸妈妈爱我。

我爱爸爸，我爱妈妈。

针对文本最基础的单元——词语 (Word)，分别使用三种不同的模型来表示以上三个句子。

1. 词袋模型 (Bag of Word)

先对语料库的句子进行分词 (忽略标点符号)，然后对每个词语编号，如表 8-2 所示。

表 8-2　词袋模型词表

编号	1	2	3	4	5
词语	我	爱	爸爸	妈妈	中国

根据每个词语在词表中的位置及次数得到每个句子的向量表示，如表 8-3 所示。

表 8-3　词袋句向量表示

编号	1	2	3	4	5
词语	我	爱	爸爸	妈妈	中国
句子 1	我 爱 中国				
向量 1	1	1	0	0	1
句子 2	爸爸 妈妈 爱 我				
向量 2	1	1	1	1	0
句子 3	我 爱 爸爸 我 爱 妈妈				
向量 3	2	2	1	1	0

词袋模型的第一个缺点是没有考虑词序。例如：

爸爸妈妈爱我。

爸爸爱我妈妈。

两个句子的词袋模型向量表示都是 [1，1，1，1，0]，但是两句话的意思完全不同。

词袋模型的第二个缺点是无法表示词与词之间的关系。例如，爸爸和妈妈应该是有一定相似度的，但是其词袋模型编码分别是 [0，0，1，0，0] 和 [0，0，0，1，0]，两个向量是正交的。可以类比二维坐标系中的点 [0,1] 和点 [1,0] 分别属于不同坐标轴，相互垂直，夹角为 90°，二者的向量表示没有相似度。

词袋模型的第三个缺点是向量维度大、稀疏。由于示例中的句子较少，因此词表较小，但是可以看到每个句子的词袋模型向量表示维度都和词表大小一样，可以想象用一个 10 000 个单词的词表来表示一个句子，那么句子的向量维度也是 10 000，而且由于句子的单词很多没有出现在词表中，因此句子的向量非常稀疏，很多位置上面都是 0，这是不利于计算的。

词袋模型的最后一个缺点是无法处理未出现的词汇。如果用示例的词表，此时想要表示"我爱祖国。"，则会发现由于祖国这个词语没有在词表中出现过，因此词袋模型无法表示这句话的向量。

2. 独热编码 (One-hot Encoding)

还是使用之前的语料作为例子，先对语料库的句子分词 (忽略标点符号)，然后对每个词进行独热编码，如表 8-4 所示。

表 8-4　独热编码词表

	独热编码				
我	1	0	0	0	0
爱	0	1	0	0	0
爸爸	0	0	1	0	0
妈妈	0	0	0	1	0
中国	0	0	0	0	1

可以看到，独热编码中每个词语的维度都是词表大小，且只有词所在位置为 1，其余位置均为 0。独热编码相对于词袋模型而言，弥补了词袋模型无法表示词序的缺点。例如：

爸爸妈妈爱我。

爸爸爱我妈妈。

这两句话的独热编码分别如表 8-5 和表 8-6 所示。

表 8-5　第一句话的独热编码

爸爸	妈妈	爱	我
0	0	0	1
0	0	1	0
1	0	0	0
0	1	0	0
0	0	0	0

表 8-6　第二句话的独热编码

爸爸	爱	我	妈妈
0	0	1	0
0	1	0	0
1	0	0	0
0	0	0	1
0	0	0	0

从表 8-5 和表 8-6 中可以看到，这两句话的向量表示明显不一样。除了词序之外，独热编码并没有解决词袋模型的其他缺点。

3. 分布式表示 (Distributed Representation)

众所周知，词和词在句子构成中是有相关性的，通常句子中位置接近的词相关性较强，一般将句子中一个词前后出现的词称为语境或上下文 (Context)，根据句子中每个词的上下文可以推断词向量的分布情况，我们称之为分布式向量表示。

为了更好地理解这个抽象的概念，先来看一个例子。假如我们想要用向量来表示图 8-5 所示的两个长方形。

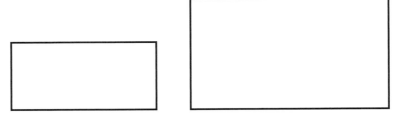

▲ 图 8-5　不同大小的长方形

如果使用独热编码 [0,1] 和 [1,0] 来表示两个长方形，一方面是没有办法表示两个形状的相似性，另一方面是加入的新图形需要更多的维度进行表示。那么应该用什么方式来表示这两个长方形呢？很容易想到的就是使用长方形的长和宽两个维度 (或者说属性) 来表示两个长方形，即 [长，宽]，这样做的好处显而易见，就是可以只用长和宽来表示无数个长方形，而且我们还可以通过这两个属性计算出长方形的面积，比较它们的大小。但是实际上长方形还有别的形式，如图 8-6 所示。

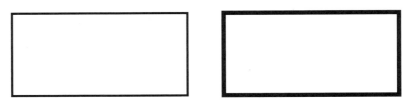

▲ 图 8-6　边框粗细不同的长方形

此时两个长方形的长宽都一样，但是明显它们还是有明显的不同，即线条的粗细，因此我们需要用 [长，宽，线条粗细] 来表示更多样化的长方形。

我们还可以添加更多的维度，例如用 [x 坐标，y 坐标，长，宽，线条粗细，半径] 来表示更多的形状，如图 8-7 所示。可以看到，随着维度的增加，可以表示的形状也越来越多，细节也越来越丰富。当然有些维度不是必需的，例如对于长方形而言，[长，宽，面积] 三个维度中，面积这个维度可以由其他两个维度计算得来，因此它是多余的。整个确定维度以及用相应的数字表示出对应的形状就是我们需要做的特征工程。

▲ 图 8-7　不同形状的图形

看完上面的例子，我们回到自然语言处理中的词语表示，把上面的各种不同样式的形状看作不同的词语，那么我们需要用一种方式来把词语表示出来，而且这种表示方式还能表示出词语与词语之间的关系，如表 8-7 所示。

表 8-7　词语的类比关系

男人 vs 女人	国王 vs 皇后
中国 vs 北京	美国 vs 华盛顿
广东 vs 广州	广西 vs 南宁

假设我们已经知道了词语的分布式表示，下面再来看看独热编码与分布式表示的具体例子，如表 8-8 所示。

表 8-8　独热编码与分布式表示

词语	独热编码	分布式表示
我	[1,0,0,0,0]	[0.2,0.1,0.4,0.3]
爱	[0,1,0,0,0]	[0.6,0.5,0.8,0.7]
爸爸	[0,0,1,0,0]	[0.3,0.2,0.1,0.6]
妈妈	[0,0,0,1,0]	[0.3,0.1,0.2,0.4]
中国	[0,0,0,0,1]	[0.2,0.3,0.1,0.7]

可见，分布式表示使用了小数，其维度可以比词表维度小，而且每个维度上都有值，解决了独热编码维度大、稀疏的缺点；不同的词序对应的分布式表示也不一样，解决了词袋模型不能表示词序的缺点。

最后重点来看看分布式表示词向量如何表达词与词的关系，用最简单的欧氏距离来表示词与词的相似度。欧氏距离对于二维空间上的两个点 $A(x_1, y_1)$，$B(x_2, y_2)$ 而言，有：

$$d(AB) = \sqrt{(x_1 - x_2)^2 + (y_1 - y_2)^2} \tag{8-1}$$

现在来看这两组词语 (爱 , 爸爸) 和 (妈妈 , 爸爸)，使用独热编码的方式计算这两组词语的欧氏距离：

$$d(爱，爸爸) = \sqrt{(0-0)^2 + (1-0)^2 + (0-1)^2 + (0-0)^2 + (0-0)^2} = \sqrt{2} \tag{8-2}$$

$$d(妈妈，爸爸) = \sqrt{(0-0)^2 + (0-0)^2 + (0-1)^2 + (1-0)^2 + (0-0)^2} = \sqrt{2} \tag{8-3}$$

$$d(妈妈，爸爸) = d(爱，爸爸) \tag{8-4}$$

下面给出两组词语的分布式表示的欧氏距离：

$$d(爱，爸爸) = \sqrt{(0.6-0.3)^2 + (0.5-0.2)^2 + (0.8-0.1)^2 + (0.7-0.6)^2}$$
$$= \sqrt{0.04 + 0.09 + 0.49 + 0.01}$$
$$= \sqrt{0.63} \tag{8-5}$$

$$d(妈妈，爸爸) = \sqrt{(0.3-0.3)^2 + (0.1-0.2)^2 + (0.2-0.1)^2 + (0.4-0.6)^2}$$
$$= \sqrt{0 + 0.01 + 0.01 + 0.04}$$
$$= \sqrt{0.06} \tag{8-6}$$

从上面的计算可以看到：

$$d(妈妈，爸爸) < d(爱，爸爸) \tag{8-7}$$

我们非常容易理解"爸爸"和"妈妈"都是名称，"爱"是动词，因此第二组词语比第一组词语在语义上自然要相近一些。在独热编码的表示中，两组词语的欧氏距离完全一样，没有办法体现出语义上的相似或者不同，而分布式表示能反映出两组词语的关系。读者也可以自己计算其他几个词语之间的相似度。当然，除了使用欧氏距离之外，通常还可通过余弦相似度、莱文斯坦距离、曼哈顿距离等方式来表达词语之间的相似度，读者可以自己查阅相关资料进行学习。由上述可见，分布式表示能用数字表示词与词之间的关系，从而奠定了自然语言处理的基础。

除了上面介绍的词语表示方式之外，还有其他的词语表示方式，如 SVD 矩阵、图向量表等，读者可以自行查阅相关资料进行学习。

善 学 勤 思
五维的分布式表示法最多可以表达多少个不同的词语？

⚙ 8.6　句子的表示

由于句子是由词语构成的，学会了词语的表示后，我们就可以根据词语的表示来生成句子的表示，这里只讲最简单的一种方法——平均法。还是采用之前的例子，如表 8-9 所示。

表 8-9　分布式表示词表

词语	分布式表示
我	[0.2,0.1,0.4,0.3]
爱	[0.6,0.5,0.8,0.7]
爸爸	[0.3,0.2,0.1,0.6]
妈妈	[0.3,0.1,0.2,0.4]
中国	[0.2,0.3,0.1,0.7]

下面计算"我爱爸爸妈妈。"这句话的向量表示，如表 8-10 所示。

表 8-10　句子的两种分布式表示

词语	分布式表示
我	[0.2,0.1,0.4,0.3]
爱	[0.6,0.5,0.8,0.7]
爸爸	[0.3,0.2,0.1,0.6]
妈妈	[0.3,0.1,0.2,0.4]
句向量表示	
求和	[1.4,0.9,1.5,2.0]
平均	[0.35,0.23,0.38,0.5]

在使用平均法计算句向量时，先把句子中的词语按列进行累加求和，例句中共有 4 个词语，因此将求和结果除以 4 得到最后的句子表达。当然，在自然语言处理中还有更加复杂的模型来生成句子的表达，如 RNN、GRU、LSTM 等，后面的学习中应学会构建和使用这些模型。得到了句子的向量表示后，可以进行一些下游任务，例如，计算两个句子的相似度，对句子进行聚类、分类等。在项目实训中，我们将用 LSTM 模型得到句子的表示，然后对句子进行情感分类。

⚙ 8.7　词向量的获取

在学习词语的分布式向量表示（下面简称词向量）时，我们跳过了如何获得词向量的步骤，直接给出了词向量的形式。本节来学习如何获取词向量。常用的词向量训练模型有 Word2Vec、GloVe、FastText 等，这几个模型都可以通过调用 Python 包来实现，所以难度不大。我们将重点关注以下几点：

(1) 如何选择语料。

在自然语言处理领域中，对词的语义理解更多地依赖词语所在的语言环境或语料，相同的词在不同的语言环境中会表现出不同的语义。根据特定任务场景的样本特征，需要采集与该任务场景高度相关的样本作为训练语料。

例如，我们想要做一个智能聊天机器人，如果模型是在文言文语料中进行训练的，那么向模型提问："明天天气怎么样？"得到的回答可能是："明日天晴，宜户外远足。"如果模型是在歌词语料中进行训练的，那么得到的回答可能是："太阳当空照，花儿对我笑。"在保证语料符合任务要求的情况下，训练语料越多越好，否则模型可能每次只会回答："呵呵。"

有些研究机构或公司也会追求大而全的词向量，然后在尽可能多的全文语料上进行词向量的训练，我们可以直接使用这些训练好的词向量。训练好的词向量可以通过访问网址 https://github.com/Embedding/Chinese-Word-Vectors 来查看。

(2) 如何选择模型。

下游任务的不同特征在一定程度上决定了我们选择模型的方向。和普通的自然语言处理任务一样，在不涉及深层次语言特征理解等复杂任务的情况下，优先选择简单的模型，如 Word2Vec 的 Skip Gram，因为训练简单模型可以节省更多的时间和空间开销。对于深层语言特性理解等比较复杂的任务，需要模型学习更多的特征来挖掘和表示深层次的语言含义，则需选择更复杂的模型训练词向量，如 BERT。

(3) 如何选择特征维度。

通常词向量的特征维度定义在 50 到 300 之间不等。针对某个特定的任务场景具体选择多少维度并没有明确的定论，维度的选择更多是依靠算法工程师的经验。在之前用向量表示形状的例子中，我们知道维度越高，向量能表达的内容也就越多，但是计算也就越复杂。因此，词向量特征维度选择需要考虑的因素与模型选择有些相似。如果 $50 \sim 100$ 维的词向量能够满足要求，则优先选择低维度词向量，这样可以节省计算开销。在特殊的复杂任务下，需要选择高维度词向量来支撑，此时的词向量训练更耗时，也更消耗资源。

项目实训

【项目目标】

本项目要借助自然语言处理来分析判断电影的评论文本的情绪类型，本项目的训练数据中只包含两种类型的评论：正面 (Positive) 和负面 (Negative)。下面以 2020 年国庆期间上映的国产动画电影《姜子牙》部分豆瓣影评数据为例，该影片由程腾、李炜导演，取材并改编自中国传统神话故事，其中体现了电影人对国内动画电影的守护与坚持，也诠释了中国传统文化的美。例如：

正面影评：

我很喜欢。一位理想主义者追随内心正义反对权威体制，且最终撼动了权威体制的神话故事，集中探讨了电车难题，且具有反战内核。

《姜子牙》看完了，我在观影时兴奋到拍椅，走出影院后兴奋到第一时间来写影评，足以说明我对这部电影的喜爱与满意。直接说，《姜子牙》非常好看、过瘾，要给全五星！

负面影评：

看完《姜子牙》，我最深的一个感受就是，为什么现在的编剧不想着好好雕琢剧情，却老想着煽情？这部电影的故事主题平庸也就算了，细节真的一塌糊涂，很多地方都太薄弱了。

人物弧线非常弱，character want 全靠对白口述交代，缺乏情节推动，也没什么共情。

总的来说，编剧没想讲故事，就想讲道理。而且，想讲的道理太多，没故

情感分类实验手册

情感分类实训

事支撑，就完全不明所以了。

几句"金句式"台词，感觉更像是给片花设计的，在剧情里就很突兀。

剧本崩了，靠视觉效果是救不回来的。

封神演义的故事线，精彩在神魔之间你来我往的斗法，不需要整得这么形而上。

根据要求，思考本项目的实现步骤如下：

(1) 制作词向量，可以使用 gensim 库，也可以直接用预训练词向量。

(2) 词和 ID 的映射。

(3) 构建模型网络架构。

(4) 训练模型，保存训练结果。

(5) 测试模型效果。

本项目的软件环境要求如下：

(1) 操作系统：Windows 10。

(2) 开发环境：Python 3.7、Anaconda 3、Jupyter 6.4。

本任务需要安装的第三方库均包含在项目目录的 requirements.txt 文件中，可以使用以下命令进行安装：

```
pip install -r requirements.txt
```

为保证安装速度，可以指定第三方库的国内安装源，安装命令如下：

```
pip config set global.index-url https://pypi.tuna.tsinghua.edu.cn/simple
```

主要涉及的第三方库有：

(1) torch：深度学习框架。

(2) re：字符串的匹配处理的模块。

(3) gensim：自然语言处理工具，内含很多常见模型，如 LDA、TF-IDF、Word2Vec 等。

(4) jieba：中文分词组件。

(5) tqdm.notebook：Jupyter 下的进度条显示组件。

(6) zhconv：繁体字转简体字的组件。

任务一 下载数据集和预训练词向量

下载本书配套的 Dataset.zip，内含以下文件：

(1) train.txt：训练集，内含 2 万条数据，正面和负面评论的数据各 1 万条。

(2) validation.txt：验证集，内含 5631 条数据，其中正面评论数据 2813 条，负面评论数据 2818 条。

(3) test.txt：测试集，内含 367 条数据，其中正面评论数据 186 条，负面评论数据 171 条。

(4) wiki_word2vec_50.bin：根据中文维基语料库训练好的词向量，每个词的向量维度大小为 50。

训练集、验证集、测试集的格式均一致，每一个段落代表一条数据，第一列是影评的类型：1 为负面评论，0 为正面评论；每条影评的内容已经过去除停用词、分词处理，但是里面含有不少繁体字的评论。将压缩文件下载后，把 4 个文件解压到项目所在文件中，并记录当前项目路径。

任务二　初始化运行环境和模型参数

运行 Jupyter，将 Config 里面的前面四个文件（train.txt、test.txt、validation.txt、wiki_word2vec_50.bin）放在项目工作路径，并打开 Sentiment-classification.ipynb，运行以下代码，示例代码如下：

```
Config = DictObj({
    'train_path' : "train.txt",
    'test_path' : "test.txt",
    'validation_path' : "validation.txt",
    'pred_word2vec_path':'wiki_word2vec_50.bin',
    'model_save_path':'model.pth',
    'embedding_dim':50,# 这个维度要和预训练向量维度一样
    'hidden_dim':100,
    'lr':0.001,
    'LSTM_layers':3,
    'drop_prob': 0.5,
    'seed':0,
    'epoch':3
    'tensorboard_path':''
})
```

以上参数中，除了 embedding_dim 要和预训练词向量维度一样设置为 50 之外，在模型运行成功后，可以自行尝试修改其他的参数，看是否能获得更好的结果。

任务三　加载数据集

1. 读取数据

运行 build_word_dict，该函数从训练集文件中逐条读取数据，并将文字转换为简体中文，使用空格符作为分隔符读取单词后形成词库，然后生成词表 word2ix 和 ix2word，词表大小为 51 407。示例代码如下：

```
# 简繁转换并构建词汇表
def build_word_dict(train_path):
    words = []
    max_len = 0
    total_len = 0
    with open(train_path,'r',encoding='UTF-8') as f:
```

```
        lines = f.readlines()
        for line in  lines:
            line = convert(line, 'zh-cn')                   # 转换成简体中文
            line_words = re.split(r'[\s]', line)[1:-1]      # 按照空字符 \t\n 空格来切分
            max_len = max(max_len, len(line_words))
            total_len += len(line_words)
            for w in line_words:
                words.append(w)
        words = list(set(words))                            # 最终去重
        words = sorted(words)
        # 一定要排序，不然每次读取后生成此表都不一致，主要是 set 后顺序不同
        # 用 unknown 来表示不在训练语料中的词汇
        word2ix = {w:i+1 for i,w in enumerate(words)}
        # 第 0 个表示 unknown 词汇，因此这里的序号使用 i+1
        ix2word = {i+1:w for i,w in enumerate(words)}
        word2ix['<unk>'] = 0
        ix2word[0] = '<unk>'
        avg_len = total_len / len(lines)
        return word2ix, ix2word, max_len,  avg_len
```

　　由于影评相对于电商的评论而言，其长度要相对长一些，且长短差异较大，经过上面 build_word_dict 的处理，我们得到最长的影评共包含 679 个词语，平均每个影评包含约 45 个词语。因此，这里需要运行 mycollate_fn 函数，对 DataLoader 传入模型的不同长度影评数据进行对齐处理。

　　2. 获取数据和标签

　　运行 CommentDataSet 类，该类继承自 torch 框架的 Dataset，这里主要是获取数据和标签，如果是验证或测试集处理过程中出现了模型训练时没有见过的词语，则将其索引设置为 0，因为在词表中，0 对应的词是未知词：<unk>。示例代码如下：

```
class CommentDataSet(Dataset):
    def __init__(self, data_path, word2ix, ix2word):
        self.data_path = data_path
        self.word2ix = word2ix
        self.ix2word = ix2word
        self.data, self.label = self.get_data_label()

    def __getitem__(self, idx: int):
        return self.data[idx], self.label[idx]
```

```
def __len__(self):
    return len(self.data)


def get_data_label(self):
    data = []
    label = []
    with open(self.data_path, 'r', encoding='UTF-8') as f:
        lines = f.readlines()
        for line in lines:
            try:
                label.append(torch.tensor(int(line[0]), dtype=torch.int64))
            except BaseException:                    # 遇到首个字符不是标签的就跳过并打印
                print('not expected line:' + line)
                continue
            line = convert(line, 'zh-cn')            # 转换成大陆简体
            line_words = re.split(r'[\s]', line)[1:-1]    # 按照空字符 \t\n 空格来切分
            words_to_idx = []
            for w in line_words:
                try:
                    index = self.word2ix[w]
                except BaseException:
                    index = 0  # 测试集，验证集中可能出现没有收录的词语，置为 0
                words_to_idx.append(index)
            data.append(torch.tensor(words_to_idx, dtype=torch.int64))
    return data, label
```

3. 加载数据集

使用 CommentDataSet 和 DataLoader 加载训练集、验证集和测试集。示例代码如下：

```
# 加载训练集
train_data = CommentDataSet(Config.train_path, word2ix, ix2word)
train_loader = DataLoader(train_data, batch_size=16, shuffle=True,
            num_workers=0, collate_fn=mycollate_fn,)
# 加载验证集
validation_data = CommentDataSet(Config.validation_path, word2ix, ix2word)
validation_loader = DataLoader(validation_data, batch_size=16, shuffle=True,
            num_workers=0, collate_fn=mycollate_fn,)
```

```
# 加载测试集
test_data = CommentDataSet(Config.test_path, word2ix, ix2word)
test_loader = DataLoader(test_data, batch_size=16, shuffle=False,
            num_workers=0, collate_fn=mycollate_fn,)
```

任务四　加载预训练词向量及权重

使用 gensim 的 load_word2vec_format 加载中文维基语料库词向量，然后逐个找到我们创建的词表 word2ix 和 ix2word 中的词语在预训练向量的权重。示例代码如下：

```
# 加载 word2vec 模型
word2vec_model
gensim.models.KeyedVectors.load_word2vec_format(Config.pred_word2vec_path,
binary=True)

#50 维的向量
word2vec_model.__dict__['vectors'].shape

def pre_weight(vocab_size):
    weight = torch.zeros(vocab_size,Config.embedding_dim)
    # 初始权重
    for i in range(len(word2vec_model.index_to_key )):
    # 预训练中没有 word2ix，所以只能用索引来遍历
        try:
            index = word2ix[word2vec_model.index2word[i]]
    # 得到预训练中的词汇的新索引
        except:
            continue
        weight[index, :] = torch.from_numpy(word2vec_model.get_vector(
        ix2word[word2ix[word2vec_model.index2word[i]]]))     # 得到对应的词向量
    return weight
```

任务五　构 建 模 型

运行继承自 torch 的 Module 的 SentimentModel 类，通过该类的初始化函数可以看到，该模型由一个三层堆叠的单向 LSTM 及三个全连接层构成。示例代码如下：

```python
class SentimentModel(nn.Module):
    def __init__(self, embedding_dim, hidden_dim,pre_weight):
        super(SentimentModel, self).__init__()
        self.hidden_dim = hidden_dim
        self.embeddings = nn.Embedding.from_pretrained(pre_weight)
        #requires_grad 指定是否在训练过程中对词向量的权重进行微调
        self.embeddings.weight.requires_grad = True
        self.lstm = nn.LSTM(embedding_dim, self.hidden_dim, num_layers=Config.LSTM_
                layers, batch_first=True, dropout=Config.drop_prob, bidirectional=False)
        self.dropout = nn.Dropout(Config.drop_prob)
        self.fc1 = nn.Linear(self.hidden_dim,256)
        self.fc2 = nn.Linear(256,32)
        self.fc3 = nn.Linear(32,2)

    def forward(self, input, batch_seq_len, hidden=None):
        embeds = self.embeddings(input)  # [batch, seq_len] => [batch, seq_len, embed_dim]
        embeds = pack_padded_sequence(embeds,batch_seq_len, batch_first=True)
        batch_size, seq_len = input.size()
        if hidden is None:
            h_0 = input.data.new(Config.LSTM_layers*1, batch_size, self.hidden_dim).fill_
                    (0).float()
            c_0 = input.data.new(Config.LSTM_layers*1, batch_size, self.hidden_dim).fill_
                    (0).float()
        else:
            h_0, c_0 = hidden
        output, hidden = self.lstm(embeds, (h_0, c_0))   #hidden 是 h 和 c 这两个隐状态
        output,_ = pad_packed_sequence(output,batch_first=True)
        output = self.dropout(torch.tanh(self.fc1(output)))
        output = torch.tanh(self.fc2(output))
        output = self.fc3(output)
        last_outputs = self.get_last_output(output, batch_seq_len)
        return last_outputs,hidden

    def get_last_output(self,output,batch_seq_len):
        last_outputs = torch.zeros((output.shape[0],output.shape[2]))
        for i in range(len(batch_seq_len)):
            last_outputs[i] = output[i][batch_seq_len[i]-1]          #index 是长度 -1
        last_outputs = last_outputs.to(output.device)
        return last_outputs
```

任务六 训练模型

1. 创建辅助类

创建计算衡量模型指标的两个辅助类 AvgrageMeter 和 ConfuseMeter 以及一个函数 accuracy，然后分别运行 train、validate、test 函数。示例代码如下：

```python
class AvgrageMeter(object):
    def __init__(self):
        self.reset()

    def reset(self):
        self.avg = 0
        self.sum = 0
        self.cnt = 0

    def update(self, val, n=1):
        self.sum += val * n
        self.cnt += n
        self.avg = self.sum / self.cnt


# 混淆矩阵指标
class ConfuseMeter(object):
    def __init__(self):
        self.reset()

    def reset(self):
        # 标签的分类：0 pos 1 neg
        self.confuse_mat = torch.zeros(2,2)
        self.tp = self.confuse_mat[0,0]
        self.fp = self.confuse_mat[0,1]
        self.tn = self.confuse_mat[1,1]
        self.fn = self.confuse_mat[1,0]
        self.acc = 0
        self.pre = 0
        self.rec = 0
        self.F1 = 0
```

```
def update(self, output, label):
    pred = output.argmax(dim = 1)
    for l, p in zip(label.view(-1),pred.view(-1)):
        self.confuse_mat[p.long(), l.long()] += 1          # 对应的格子加 1
    self.tp = self.confuse_mat[0,0]                          # 真阳性
    self.fp = self.confuse_mat[0,1]                          # 假阳性
    self.fn = self.confuse_mat[1,0]                          # 假阴性
    self.tn = self.confuse_mat[1,1]                          # 真阴性
    self.acc = (self.tp+self.tn) / self.confuse_mat.sum()    # 正确率
    self.pre = self.tp / (self.tp + self.fp)                 # 精准率
    self.rec = self.tp / (self.tp + self.fn)                 # 召回率
    self.F1 = 2 * self.pre*self.rec / (self.pre + self.rec)  # F1 分数


#topk 的准确率计算
def accuracy(output, label, topk=(1,)):
    maxk = max(topk)
    batch_size = label.size(0)

    # 获取前 k 个的索引
    _, pred = output.topk(maxk, 1, True, True)      # 使用 topk 来获得前 k 个的索引
    pred = pred.t()                                 # 进行转置
    #eq 按照对应元素进行比较 view(1,−1) 自动转换到行为 1 的形状, expand_as(pred)
    扩展到 pred 的 shape
    #expand_as 执行按行复制来扩展, 要保证列相等
    correct = pred.eq(label.view(1, -1).expand_as(pred))
    # 与正确标签序列形成的矩阵相比, 生成 True/False 矩阵
    rtn = []
    for k in topk:
        correct_k = correct[:k].contiguous().view(-1).float().sum(0)
        # 前 k 行的数据, 然后平整到 1 维度, 来计算 true 的总个数
        rtn.append(correct_k.mul_(100.0 / batch_size)) #mul_() ternsor 的乘法, 正确的数目 / 总
的数目, 再乘以 100 变成百分比
    return rtn
```

2. 设置随机数种子

为了保证每次结果都相同, 可运行 set_seed 函数根据参数配置设置随机数种子。示例代码如下:

```
def set_seed(seed):
    # 设置随机数种子
    np.random.seed(seed)
    random.seed(seed)
    torch.manual_seed(seed)
    if torch.cuda.is_available():
        torch.cuda.manual_seed_all(seed)              # 并行 gpu
        torch.backends.cudnn.deterministic = True     #cpu/gpu 结果一致
```

3. 创建并设置模型

运行模型初始化代码，创建情感分类模型对象 model，设置迭代次数、优化器、学习率以及损失函数并打印出模型结构。示例代码如下：

```
SentimentModel(
    (embeddings): Embedding(51407, 50)
    (lstm): LSTM(50, 100, num_layers=3, batch_first=True, dropout=0.5)
    (dropout): Dropout(p=0.5, inplace=False)
    (fc1): Linear(in_features=100, out_features=256, bias=True)
    (fc2): Linear(in_features=256, out_features=32, bias=True)
    (fc3): Linear(in_features=32, out_features=2, bias=True)
)
```

4. 训练模型

进行模型训练，并在训练过程显示出训练集和验证集的进度、损失值及训练准确率，模型训练过程如图 8-8 所示。

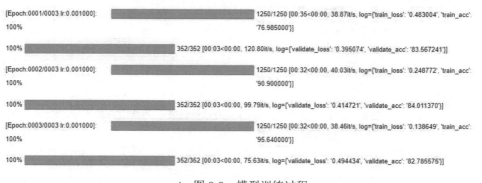

▲ 图 8-8　模型训练过程

可以看到，当通过 3 次迭代后，训练集的准确率达到了 95.64%，验证集的准确率达到了 82.78%。

模型训练完毕后，将模型的参数文件 model.pth 保存到项目文件夹下的 ./

modelParam 中，每次训练模型后都会自动覆盖该文件。因此，如果需要多次训练来获取最佳结果，可以自行修改代码，为参数文件添加编号。

这里的 .pth 文件仅包含模型的参数，如果修改模型，则需要重新训练模型并保存对应的 .pth 文件。

任务七　评估模型

创建情感分类模型对象 model_test，并加载训练好的参数，使用测试集数据 test_loader 进行测试，最后得到结果的精准率为 0.800000，召回率为 0.861878，F1 值为 0.829787。

任务八　调用模型

训练好的模型可用来预测现有数据。在 predict 函数中，我们可以自己搜集一些豆瓣影评进行情感分类预测。示例代码如下：

```python
def predict(comment_str, model, device):
    model = model.to(device)
    seg_list = jieba.lcut(comment_str,cut_all=False)
    words_to_idx = []
    for w in seg_list:
        try:
            index = word2ix[w]
        except:
            index = 0          # 可能出现没有收录的词语，置为 0
        words_to_idx.append(index)
    inputs = torch.tensor(words_to_idx).to(device)
    inputs = inputs.reshape(1,len(inputs))
    outputs,_ = model(inputs, [len(inputs),])
    pred = outputs.argmax(1).item()
    return pred
comment_str1=" 比想象中好，是我个人非常喜欢的风格，还有师徒四人的设定，非常不错。特效也是上乘的佳作。总体很喜欢 "

if (predict(comment_str1,model_test,device)):
    print("Negative")
else:
    print("Positive")
```

comment_str2 = " 电影可以说亵渎原著，先不说一些对情节不太适当的改写，就塑造人物形象而言真的很失败。白骨精是个有苦衷的苦情女子。唐僧呢，颜值也拯救不了他。而台词也有些糟糕，加入了一些所谓现代化的词段子和梗，就像春晚冯巩小品一样：尴尬啊！"

```python
if (predict(comment_str2,model,device)):
    print("Negative")
else:
    print("Positive")
```

运行以上代码可以得到第一个影评结果为 Positive(正面评价)，第二个影评结果为 Negative(负面评价)。

【项目总结】

本项目完成了一个情感分类的模型，项目对数据集进行了训练集与测试集的切分。首先构建了神经网络模型，然后训练模型，最后对模型进行了调用与测试。通过本项目可以完整体验利用词向量和分词工具分类识别正面、负面影评的流程。读者也可以通过尝试模型参数调优、更换词向量集等方式，不断提高模型的泛化能力。

【实践报告】

项目实践报告			
项目名称			
姓名		学号	
小组名称（适合小组项目）			
实施过程记录			
测试结果总结			

后期改进思考			

成员分工（适合小组项目）

姓名	职责	完成情况	组长评分

考 核 评 价

评价标准：

1. 执行力：按时完成项目任务。

2. 学习力：知识技能的掌握情况。

3. 表达力：实施报告翔实、条理清晰。

4. 创新力：在完成基本任务之外，有创新、有突破者加分。

5. 协作力：团队分工合理、协作良好，组员得分在项目组得分基础上根据组长评价上下浮动。

创 新 拓 展

大型语言模型——定义交互式人工智能的下一个浪潮

我们将自然语言处理中通过大规模数据训练超大参数量的模型称为大型语

言模型 (Large Language Models，LLMs)，其特点为：模型参数多、训练数据量大。随着大型语言模型的兴起，巨量的模型参数和训练数据已成为未来人工智能发展非常重要的一个趋势。下面先来回顾一下近五年以来大型语言模型的发展史：

2018 年，OpenAI 提出通用预训练语言模型 GPT-1(General Pre-Training)，参数量约为 1.1 亿。同年 10 月，谷歌发布 BERT，参数量约为 3.4 亿。从此，预训练模型成为自然语言处理领域的主流。

2019 年，OpenAI、NVIDIA 同时分别发布 GPT-2 和 MegatronLM，参数量分别达到了 15 亿和 83 亿。

2020 年 5 月，OpenAI 继续发布 GPT-3，参数量飙升到了 1750 亿，并在很多自然语言处理任务上达到了 SOTA 水平。同年 6 月，谷歌的 Gshard 以 6190 亿的参数量再次刷新了纪录。值得一提的是，该模型由于算法和硬件上的优化，比 GPT-3 的训练能源消耗减少了 98%。这一年，国内的 AI 公司也加入了大型语言模型构建竞赛。

2021 年 1 月，谷歌发布了拥有 1.6 万亿参数量的 Switch Transformer，成为史上首个万亿级参数语言模型。同年 3 月，北京智源人工智能研究院和清华大学团队合作发布了清源 CPM-1(Chinese Pre-Trained Models)，该模型拥有 26 亿参数，被称为中文版的 GPT-3。同年 4 月，阿里达摩院发布了带有 270 亿参数的 PLUG(Pre-training for Language Understanding and Generation)。同年 6 月，阿里达摩院发布了 1000 亿参数量的 M6 预训练模型，该模型在 11 月参数量跃迁至 10 万亿，成为全球最大的 AI 预训练模型，可以用于生成文本和图像。

2021 年，国内其他公司也发布了自己的大型语言模型。百度在 7 月发布了 ERNIED3.0，参数量为 100 亿。同年 9 月，浪潮发布了源 1.0，参数量为 2457 亿。同年 10 月，腾讯发布了神农，参数量为 10 亿。

大规模语言 (预训练) 模型是从弱人工智能向通用人工智能的突破性探索，但在训练过程中需要巨量的数据，进而造成了硬件处理的瓶颈，而且训练如此大型的模型需要消耗大量的能源，未来的大规模语言模型不但要考虑自然语言处理任务的准确率，还要考虑绿色低碳，助力实现"双碳"目标。

综合测评

参考答案

一、能力测评

1. [单选题] 以下不属于自然语言处理应用场景的是 (　　)。

A. 文本摘要　　　B. 人脸识别　　　C. 百度翻译　　　D. 自动阅卷

2. [多选题] 课本中关于词语的表示主要包含 (　　)。

A. 词袋表示　　　B. 独热编码　　　C. 哈夫曼编码　　　D. 分布式表示

3. [多选题] 单词分布式表示的优点包括 (　　)。

A. 低维　　　B. 可表示语义相似度　　　C. 稠密　　　D. 易训练

4. [多选题] 获取词向量的步骤包括 (　　)。

A. 选择语料　　B. 选择模型　　C. 选择度量方式　　D. 选择特征维度

5. [填空题] 自然语言处理是人工智能中最为困难、最有挑战的问题之一，因此它被誉为_____。

6. [实践提升] 在项目实践的训练代码中，设置更多迭代次数并查看结果。

(1) 训练准确率随着迭代次数的增多而上升，为什么其验证结果的准确率反而会下降？

(2) 尝试自行训练一个淘宝商品评论分类模型，对用户对商品的评论进行分类：好评或差评。

二、素质测评

在数据分析里，常常把预计会发生的事件叫做阳，而把预计不会发生的事件叫做阴。这个能表示预测值和真实值之间差距的矩阵就是混淆矩阵，如表 8-11 所示。

表 8-11　混淆矩阵

		真 实 结 果	
		正面评论	反面评论
预测结果	正面评论	真阳性 (True Positive，TP) 预测为真，实际也为真	假阳性 (False Positive，FP) 预测为真，但实际上为假
	反面评论	假阴性 (False Negative，FN) 预测为假，但实际上为真	真阴性 (True Negative，TN) 预计为假，实际上也为假

根据表 8-12 将混淆矩阵中的 TP、FP、FN、TN 计算出来，将其与项目实践中测试集的 367 条记录预测结果进行对比，看看计算结果是否正确，并尝试分析偏差产生的原因。

表 8-12　结果混淆矩阵

		真实结果	
		正面评论	反面评论
预测结果	正面评论	156	39
	反面评论	25	147

项目9　影院会员社交网络分析——图神经网络

教学导读

【教学导图】

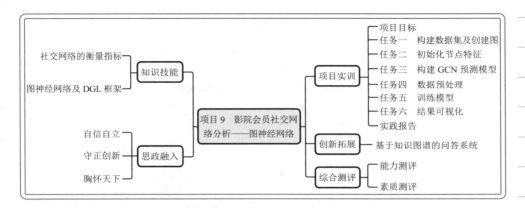

【教学目标】

知识目标	了解社交网络的基本概念、应用领域和发展趋势
技能目标	通过项目实训掌握典型社交网络分析任务所必需的各项技能
素质目标	通过学习，养成良好的自主学习习惯，具有吃苦耐劳的态度 在项目实训中能表现出团队协作能力，并形成数据驱动的科学价值观
重点难点	能充分认识社交网络分析建模和算法过程，并通过项目实训掌握构建社交网络相关的步骤，熟悉社交网络度量指标相关的概念以及使用图神经网络进行社交网络预测的方法，为进一步深造打下坚实的理论和实践基础

【思政融入】

思政线	思政点	教学示范
自信自立 守正创新 胸怀天下	培养严谨细致、精益求精的工匠精神	在项目实训中，注重实践操作标准，从而实现教学内容与生产实践对接
	塑造敢想敢为又善作善成，立志做有理想、敢担当、能吃苦、肯奋斗的新时代好青年	在创新拓展基于知识图谱的问答系统学习过程中，强调不要沉迷网络游戏，多从专业知识角度考虑游戏的功能和设计

社交网络起源于网络社交，即社交网络服务，源自英文 SNS(Social Network Service)，通常指的是人与人之间的人际关系，例如好友、同事、亲属、夫妻等，也可以是微博、微信等网络应用中的关注、好友关系。社交网络模型中的许多概念来自图论，因为社交网络模型本质上是一个由节点 (人) 和边 (社交关系) 组成的图。社交网络研究在现实生活中有很多应用，例如，通过社交网络识别金融中的恶意贷款风险，预测极端恐怖分子的身份等。近年来，随着 QQ、微信、微博、博客等在线社交网络的迅猛发展，以在线社交网络为研究对象的社交网络分析成为研究热点，例如用户画像分析、用户重要程度分析等。除此之外，社交网络研究在精准营销、好友推荐、社会化商品推荐等领域有非常重要的应用价值。图 9-1 是苏宁金融研究院数据风控实验室使用回环社交网络关系检测团伙诈骗的循环担保、互为紧急联系人的示例。

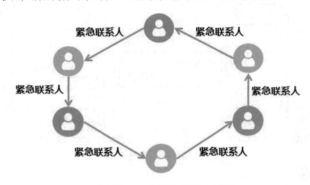

▲ 图 9-1　回环关系社交网络

知 识 技 能

图神经网络

⚙ 9.1　社交网络的衡量指标

善 学 勤 思
　　试给出节点度越高，重要性不一定越高的例子。

1. 节点的度

　　与数据结构中度的概念一样，社交网络中节点的度是指与该节点相关联的边的数量，节点的度越大，说明该节点与其他节点的关系越多，但并不能代表该节点在社交网络中的重要性。

2. 节点中心性

　　通常用来衡量社交网络中节点的重要性，节点中心性越高，该节点就越重要。该指标有四种计算方式：

(1) 点度中心性 (Degree Centrality)：使用当前节点的度除以 (总节点数量 -1)，即可得到点度中心性。

也就是说，重要的节点往往拥有较多连接的节点。通俗理解就是你的朋友越多，你的影响力就越强。

(2) 特征向量中心性 (Eigenvector Centrality)：如果一个节点的邻居节点越重要，那么该节点就越重要。可以理解为我的朋友很重要，那么我就很重要。

(3) 中介中心性 (Betweenness Centrality)：如果一个节点处于其他节点的多条最短路径上，那么该节点的中心性就高。其计算公式为

$$中介中心性 = \frac{经过当前节点的最短路径数量}{除了当前节点之外，所有节点对之间的最短路径数量} \tag{9-1}$$

在社交网络中，该节点往往是中间人的关系。

(4) 接近中心性 (Closeness Centrality)：如果一个节点跟其他所有节点的距离越近，那么该节点的中心性就越高。其计算公式为

$$接近中心性 = \frac{1}{当前节点到其他所有节点跳数(路径长度)之和} \tag{9-2}$$

3. 聚合系数

描述一个社交网络中的节点之间结集成团程度的系数。可以理解为社交网络中，我的朋友之间相互认识的程度。其计算公式为

$$聚合系数 = \frac{当前节点的邻居节点之间的边的数量}{当前节点的邻居节点之间的边的最大可能数量} \tag{9-3}$$

图 9-2 给出了三种不同社交网络结构中节点 v 的聚合系数的计算结果。

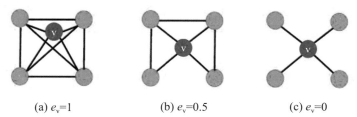

(a) $e_v=1$ 　　　　(b) $e_v=0.5$ 　　　　(c) $e_v=0$

▲ 图 9-2 不同社交网络结构的聚合系数

对于图 9-2(b) 的社交网络来说，v 有 4 个朋友，4 个朋友两两组合应该有 6 个朋友对，但是实际上只有 3 个朋友对，因此，其聚集系数是 3/6=0.5。

⚙ 9.2 图神经网络及 DGL 框架

目前，许多实际应用场景中的数据都是图结构的。例如，在线社交网络中的微博、微信、QQ 等；不同网页之间的超链接；参考文献的相互引用等。

由于图的不规则性 (无序节点、邻居数量不同)，因此很难将为传统深度学习方法应用在图数据上，于是出现了图神经网络 (Graph Neural Networks, GNN)。图神经网络应用广泛，涵盖了电子商务、金融风控识别、推荐系统、社交网络、医药分子预测等多个领域，如图 9-3 所示。

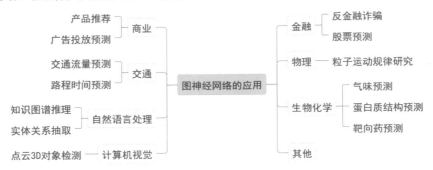

▲ 图 9-3　图神经网络的应用领域

图神经网络按任务类型可以分为以下几种：

(1) 社群识别 (Community Detection)：识别紧密联系的节点集群，社交关系中常见的社群如家庭、同事圈、朋友圈等。

(2) 节点分类 (Node Classification)：预测某个节点的所属分类，例如本章的项目实训就是对节点是否为会员进行分类。

(3) 链接预测 (Link Prediction)：预测两个节点之间是否有关，常见的任务有推荐系统、知识推断等。

(4) 网络相似度 (Network Similarity)：测量节点之间、网络之间的相似度，典型任务有高分子分类、3D 视觉分类等。

DGL 是亚马逊开发的基于 PyTorch 的一个专门用于图神经网络模型搭建的框架，DGL 封装了 GCN、GraphSage、GAT 等常见的图神经网络模型，可以直接调用。关于 DGL 各种详细的 API 接口和相关使用案例，可参考 https://docs.dgl.ai/en/latest/guide_cn/graph.html，本项目的项目实训也将使用 DGL 搭建 GCN 模型完成节点分类任务。

项目实训

社交网络分析实验手册

【项目目标】

本项目的任务主要是根据社交网络中人 (节点)、人与人的社交关系 (边)来预测这些人属于哪个社区 (类别)。我们以 Zachary's Karate Club 的社交网络数据集为蓝本来模拟影院会员的社交网络，可以把数据集中所有成员的相互关系看作一个社交网络，数据集中共有 34 个成员，每个成员都有一个编号 (0 ～ 33)，且可以看作一个节点，如果两个成员之间相互认识，则用一条边将两个节点连

社交网络分析实训

起来。把所有成员及其关系可视化后如图9-4所示。

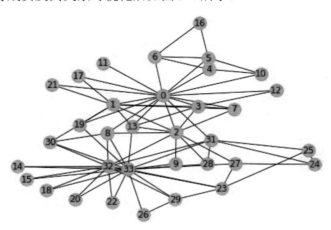

▲ 图 9-4　所有成员的社交关系可视化结果

假设第 0 号和第 33 号节点分别是非会员和会员身份，然后利用 DGL 构建一个简单的图神经网络对其他节点的身份进行预测。

任务一　构建数据集及创建图

由于数据量比较小，我们直接用两个数组 (src、dst) 分别表示有社交关系的两个节点，共有 78 条边，因此每个数组中依次包含 78 个节点。示例数组如下：

```
src = np.array([1, 2, 2, 3, 3, 3, 4, 5, 6, 6, 6, 7, 7, 7, 7, 8, 8, 9, 10, 10,
    10, 11, 12, 12, 13, 13, 13, 13, 16, 16, 17, 17, 19, 19, 21, 21,
    25, 25, 27, 27, 27, 28, 29, 29, 30, 30, 31, 31, 31, 31, 32, 32,
    32, 32, 32, 32, 32, 32, 32, 32, 33, 33, 33, 33, 33, 33,
    33, 33, 33, 33, 33, 33, 33, 33, 33, 33])
dst = np.array([0, 0, 1, 0, 1, 2, 0, 0, 0, 4, 5, 0, 1, 2, 3, 0, 2, 2, 0, 4,
    5, 0, 0, 3, 0, 1, 2, 3, 5, 6, 0, 1, 0, 1, 0, 1, 23, 24, 2, 23,
    24, 2, 23, 26, 1, 8, 0, 24, 25, 28, 2, 8, 14, 15, 18, 20, 22, 23,
    29, 30, 31, 8, 9, 13, 14, 15, 18, 19, 20, 22, 23, 26, 27, 28, 29, 30,
    31, 32])
```

这里的社交关系是相互的，如果张三和李四是好友，那么好友关系是双向的，又如张三是李四的微博粉丝，李四不是张三的微博粉丝，那么微博的博主与粉丝的关系是单向的。因此把这种双向的关系可以转化为无向图，这里的无向图没有具体的指向，因此可以表示双向的社交关系。示例代码如下：

```
u = np.concatenate([src, dst])
v = np.concatenate([dst, src])
```

构建图对象后，我们可以把图中的节点、边的数量打印出来，验证构造是否正确。示例代码如下：

```
G = build_karate_club_graph()
print(' 图中共有 %d 个人员 ( 节点 )。' % G.number_of_nodes())
print(' 图中共有 %d 个社交关系。' % G.number_of_edges())
```

最后使用 networkx 函数对图的结构进行可视化。

任务二　初始化节点特征

要对人员 (节点) 进行分类操作，因此需要为人员设置一个可学习的向量，用于表示这个人员。这里使用一个 1×5 的向量表示一个人员，并使用标准正态分布随机初始化这个向量。示例代码如下：

```
embed = nn.Embedding(34, 5)
G.ndata['feat'] = embed.weight
```

初始化完毕后，可以使用 print 函数将图中节点特征打印出来。示例代码如下：

```
print(G.ndata['feat'][2])
```

任务三　构建 GCN 预测模型

这里使用 DGL 框架定义一个两层的 GCN 模型，来预测节点类型。GCN 模型是一种图神经网络模型，它能够很好地处理图结构的数据，将节点的特征通过边进行汇聚，从而达到汇聚邻居节点特征的效果，也就是我们常说的近墨者黑，近朱者赤，即有相邻社交关系的人员 (节点) 往往属于同一个类别。示例代码如下：

```
from dgl.nn.pytorch import GraphConv
class GCN(nn.Module):
    def __init__(self, in_feats, hidden_size, num_classes):
        super(GCN, self).__init__()
        self.conv1 = GraphConv(in_feats, hidden_size)
        self.conv2 = GraphConv(hidden_size, num_classes)
    def forward(self, g, inputs):
        h = self.conv1(g, inputs)
        h = torch.relu(h)
        h = self.conv2(g, h)
        return h
```

最后我们使用 GCN 初始化要训练的模型。模型中的第一个参数 5 代表输入维度，即节点维度；第二个参数 5 代表隐藏层的维度 hidden_size=5；第三个参数 2 代表模型最后输出的维度，也就是分类数量，这里只有两种类别，因此为 2。示例代码如下：

```
net = GCN(5, 5, 2)
```

任务四　数据预处理

GCN 模型是一个半监督模型，只需要提供部分人员（节点）的类别（标签），模型就可以根据现有分类预测出其他人员的类别。这里我们只标记第 0 号和第 33 号人员，分别给出 0 和 1 的标签，代表两个不同分类 (0 代表教练，1 代表成员)。示例代码如下：

```
labeled_nodes = torch.tensor([0, 33])
labels = torch.tensor([0, 1])
```

任务五　训练模型

模型的训练过程与普通的 PyTorch 框架一样，其训练步骤如下：

(1) 创建优化器 Optimizer。

(2) 将数据载入模型。

(3) 计算损失值。

(4) 反向传播更新模型参数。

示例代码如下：

```
optimizer = torch.optim.Adam(itertools.chain(net.parameters(), embed.parameters()), lr=0.01)
all_logits = []
for epoch in range(50):
    logits = net(G, inputs)
    # 保存每个 epoch 的预测结果
    all_logits.append(logits.detach())
    logp = F.log_softmax(logits, 1)
    # 计算损失值，这里只计算有标签的节点
    loss = F.nll_loss(logp[labeled_nodes], labels)
    optimizer.zero_grad()
    loss.backward()
    optimizer.step()
    print('Epoch %d | Loss: %.4f' % (epoch, loss.item()))
```

任务六　结果可视化

在训练模型的过程中，我们保存了每一次迭代时模型对节点的预测结果，可以把整个预测结果的过程通过动画进行可视化。其步骤如下：

(1) 先定义绘制某次迭代预测结果的函数，示例代码如下：

```
def mydraw(i):
    # 为不同类型的成员设置不同颜色
    cls1color = '#00FFFF'
    cls2color = '#FF00FF'
    pos = {}
    colors = []
    # 循环获取每个节点的预测结果
    for v in range(34):
        pos[v] = all_logits[i][v].numpy()
        cls = pos[v].argmax()
        colors.append(cls1color if cls else cls2color)
    ax.cla()
    ax.axis('off')
    ax.set_title('Epoch: %d' % i)
    pos = nx.kamada_kawai_layout(nx_G)
    nx.draw_networkx(nx_G.to_undirected(), pos, node_color=colors,
        with_labels=True, node_size=300, ax=ax)
```

(2) 由于训练迭代次数为 50，因此可以通过迭代次数的序号显示某次迭代预测的效果。示例代码如下：

```
fig = plt.figure(dpi=150)
fig.clf()
ax = fig.subplots()
mydraw(30)  # draw the prediction of the first epoch
plt.show()
plt.close()
```

会员社交关系可视化预测结果如图 9-5 所示。

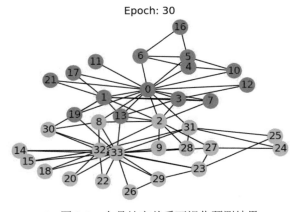

▲ 图 9-5 会员社交关系可视化预测结果

(3) 最后使用 FuncAnimation 来生成动画。示例代码如下：

```
fig1 = plt.figure(dpi=150)
ani = animation.FuncAnimation(fig1, mydraw, frames=len(all_logits), interval=200)
```

【项目总结】

　　本项目以影院会员为节点构建无向图，图中每一条边代表成员之间拥有类似好友的社交关系，每一个成员使用一个五维向量作为节点特征。在这个简单的社交网络中，我们通过对已知的两个成员的会员身份进行标注，然后通过成员之间的社交网络关系，预测其他成员的会员身份。

【实践报告】

项目实践报告			
项目名称			
姓名		学号	
小组名称（适合小组项目）			
实施过程记录			
测试结果总结			
后期改进思考			
成员分工（适合小组项目）			
姓名	职责	完成情况	组长评分
思考改进			

考核评价

评价标准：

1. 执行力：按时完成项目任务。
2. 学习力：知识技能的掌握情况。
3. 表达力：实施报告翔实、条理清晰。
4. 创新力：在完成基本任务之外，有创新、有突破者加分。
5. 协作力：团队分工合理、协作良好，组员得分在项目组得分基础上根据组长评价上下浮动。

创 新 拓 展

基于知识图谱的问答系统

实际上，社交网络是一种知识图谱。知识图谱中的图谱通常用实体 (Entity) 来表达图中的节点、用关系 (Relation) 来表达图中的边。知识图谱中的知识二字体现在三元组上，它代表了对客观世界某个逻辑事实的描述。例如，[红旗，国产，品牌]，[北京，首都，中国]。在知识图谱中除了实体和关系外，还包含以下几个概念：

(1) 类型 (Type)：类型是对具有相同特点或属性的实体或关系集合的抽象。例如，王者荣耀中的不同人物之间有搭配、克制等不同类型的关系，人物与武器之间有搭配关系等。

(2) 属性 (Property)：实体拥有的特征。例如，王者荣耀中的人物属性有技能、血量、防御等，武器属性有暴击率、法术吸血、物理吸血等。

(3) 值 (Value)：实体属性的取值。例如，冲能拳套的暴击率为 +8%。

当然，还有域 (Domain) 等比较复杂的概念，这里就不一一介绍了。根据上面的概念，我们可以使用网络爬虫从官网 (http://pvp.qq.com/web201605/herolist.shtml) 爬取王者荣耀英雄、武器的基本信息，并构建一个简单的知识图谱，如图 9-6 所示。

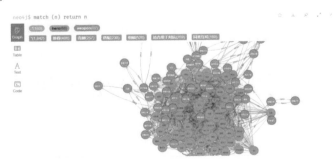

▲ 图 9-6 王者荣耀知识图谱 (蓝色为英雄、红色为武器)

根据知识图谱进行简单的查询。例如，查询人物之间的关系，以及人物是否拥有某个属性值，查询结果如图 9-7 所示。

```
In [133]:  #查询两个node之间是否存在特定关系
           def is_node_rela(graph, node_name_1, node_name_2, rela):
               tmp=find_rela(graph, node_name_1, node_name_2)
               return rela in tmp

           is_node_rela(graph,'赵云','大乔','搭配')

Out[133]:  True

In [135]:  #查询node的某个属性值是否为指定值
           def is_node_property(graph, node_name, prop, value):
               return value==find_node_property(graph, node_name, prop)

           is_node_property(graph,'赵云','attack_range','近程')
           #is_node_property(graph,'赵云','attack_range','远程')

Out[135]:  True
```

▲ 图 9-7　人物之间的关系查询结果

通过同义词替换，就可以实现基于知识图谱的问答功能，问答查询结果如图 9-8 所示。

```
                    return is_node_rela(graph, node[0], node[1], rela[0])
           else:
                    return '查询的问题太复杂，暂时无能为力'

   print(search('赵云和大乔什么关系', '', nodes, relation, propertys, graph, output=None))
   #search('赵云的skill_1', '', nodes, relation, propertys, graph, output=None)

   question='痛苦面具加多少法术攻击'
   s, syn=synonym_replace(question, synonym)
   #search(s, syn, nodes, relation, propertys, graph, output=None)

   大乔搭配赵云
```

▲ 图 9-8　问答查询结果

综合测评

一、能力测评

逐帧观察项目实训运行结果的动画，为什么从第 10 次迭代之后图形基本没有变化？

二、素质测评

使用本班同学作为节点，尝试使用寝室以及你所了解到的好友关系，制作一个班级社交网络，使用项目实训中的方法对该社交网络进行分类（自行选择分类指标），并给出结果。

参考答案

实训环境搭建

附录　项目实训环境安装与使用说明

1. Anaconda 软件安装

步骤一：下载 Anaconda 安装包。

登录清华镜像 https://mirrors.tuna.tsinghua.edu.cn/anaconda/archive/，找到安装包 Anaconda3-2019.10-Windows-x86_64.exe 或接近版本并下载。注意：

(1) 为了保证第三方包的兼容性，需要 Python 版本为 3.7。

(2) 选择与个人电脑对应的操作系统和位数，如图 F-1 所示，32 位机选择图中上面框选的版本，64 位机选择图中下面框选的版本。

Anaconda3-2019.10-MacOSX-x86_64.pkg	653.5 MiB	2019-10-16 00:21
Anaconda3-2019.10-MacOSX-x86_64.sh	424.2 MiB	2019-10-16 00:22
Anaconda3-2019.10-Windows-x86.exe　32位	409.6 MiB	2019-10-16 00:23
Anaconda3-2019.10-Windows-x86_64.exe　64位	461.5 MiB	2019-10-16 00:23
Anaconda3-2020.02-Linux-ppc64le.sh	276.0 MiB	2020-03-12 00:04
Anaconda3-2020.02-Linux-x86_64.sh	521.6 MiB	2020-03-12 00:04
Anaconda3-2020.02-MacOSX-x86_64.pkg	442.2 MiB	2020-03-12 00:04

▲ 图 F-1　Anaconda 安装包选择

步骤二：安装 Anaconda。

(1) 双击已下载的安装包 Anaconda3-2019.10-Windows-x86_64.exe，单击"Next"按钮，如图 F-2 所示。

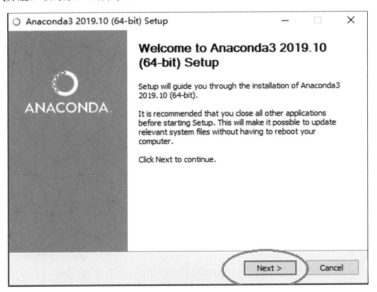

▲ 图 F-2　开始安装

(2) 在弹出的 Licence Agreement 窗口中，单击"I Agree"按钮，如图 F-3 所示。

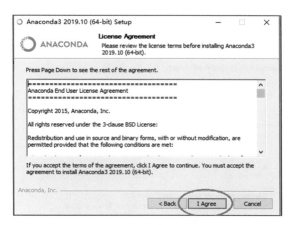

▲ 图 F-3　安装协议

(3) 在 Select Installation Type 窗口中，选择"Just Me"后，单击"Next"按钮，如图 F-4 所示。

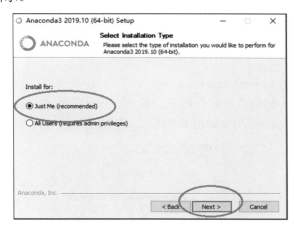

▲ 图 F-4　选择安装类型

(4) 在 Choose Install Location 窗口中，选择安装路径 (建议用默认路径) 后，单击"Next"按钮，如图 F-5 所示。

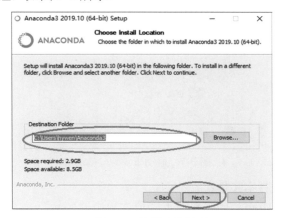

▲ 图 F-5　选择安装路径

(5) 在 Advanced Installation Options 窗口中勾选第二个选项，再单击"Intall"按钮，等待完成安装，如图 F-6 所示。

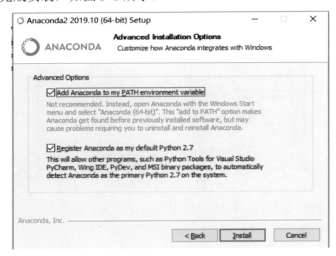

▲ 图 F-6　高级设置

2. Jupyter Notebook 编译工具使用说明

步骤一：启动 Jupyter Notebook。

单击电脑左下角的"开始"按钮，找到已经安装好的 Anaconda，单击选择 Jupyter Notebook(anaconda3)，如图 F-7 所示，在浏览器中打开 Jupyter Home Page。

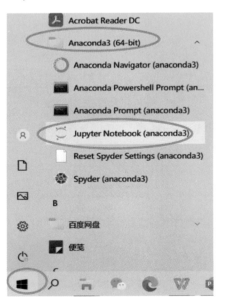

▲ 图 F-7　启动 Jupyter Notebook

步骤二：新建脚本文件。

(1) 在 Jupyter Home Page 界面下，依次单击"New"→"Python 3"，新建 Python 脚本文件，如图 F-8 所示。

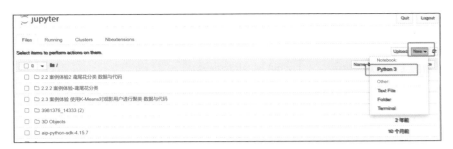

▲ 图 F-8　创建脚本文件

(2) 依次单击"File"→"Rename"可修改文件名，如图 F-9 所示。

步骤三：编辑运行代码。

在代码编辑行输入代码，如图 F-10 所示，单击"运行"按钮运行单行代码，同时弹出下一行代码行。"运行"键右面依次为"停止"运行键和"重启服务"键。"运行"键左侧的上、下箭头可以调整代码行的先后顺序。

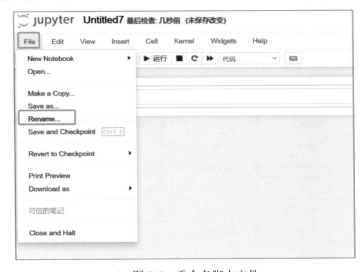

▲ 图 F-9　重命名脚本文件

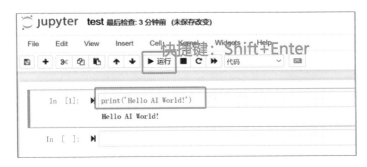

▲ 图 F-10　运行代码

3. 第三方包安装说明

表 F-1 是各项目所需要安装的第三方包，在项目实训前需要完成环境安装。

表 F-1　项目第三方包安装列表

项目编号	包名称	安装方法	推荐版本
项目 2	Requests	pip install requests	
	pyqt5	pip install pyqt5（需要 VC++14.0）	
	Lableme	pip install labelme	
项目 4	h5py	pip install h5py==2.10.0	2.10.0
	Pandas	pip install pandas	
	matplotlib	pip install matplotlib	
	pygame	pip install pygame	
	captcha	pip install captcha	
	OpenCV	pip install opencv-python	
	TensorFlow	pip install tensorflow==1.14.0	1.14.0
	Keras	pip install keras	2.2.5
项目 5	PyAudio	pip install pyaudio	0.2.11
项目 6	OpenCV 扩展版本	pip install opencv-contrib-python	4.6.0.66
	TensorFlow	pip install tensorflow	2.2.0
	matplotlib	pip install matplotlib	
	Sklearn	pip install -U scikit-learn	
	Pillow	pip install pillow	
项目 7	matplotlib	pip install matplotlib	
	OpenCV	pip install opencv-python	
	TensorFlow	pip install tensorflow	
	Keras	pip install keras	2.9.0
	numpy	pip install numpy	
项目 8	gensim	pip install gensim	4.0.1
	jieba	pip install jieba	0.42.1
	zhconv	pip install zhconv	1.4.2
	tqdm	pip install tqdm	4.62.0
	PyTorch	conda install pytorch torchvision torchaudio cpuonly-c pytorch	
项目 9	dgl(需要 VC2015 Redistributable)	没有 cuda：pip install dgl dglgo -f https://data.dgl.ai/wheels/repo.html cuda 10.1：pip install dgl-cu101 dglgo -f https://data.dgl.ai/wheels/repo.html	
	networkx	pip install networkx	
	matplotlib	pip install matplotlib	

(1) 以表 F-1 中 Rquests 包的安装为例。首先打开"Anaconda Prompt"，如图 F-11 所示。

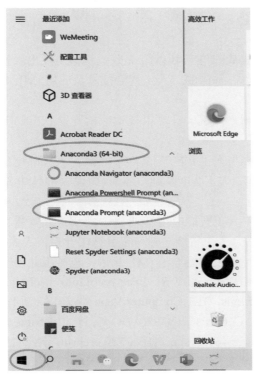

▲ 图 F-11　打开 Anaconda Prompt

(2) 在"Anaconda Prompt"窗口中输入表 F-1 中"安装方法"列中的命令行"pip install requests"，回车即可完成安装，如图 F-12 所示。安装时需要保持网络畅通。

▲ 图 F-12　输入命令

(3) 其他包安装同上。

(4) 部分项目所需的第三方模块之间有一定的版本冲突，出现这种情况时，建议为各项目独立创建环境，具体参看本附录"实训环境搭建"微课。

参 考 文 献

[1]　丁艳. 人工智能基础与应用 [M]. 北京：机械工业出版社，2020.

[2]　程显毅，任越美，孙丽丽. 人工智能技术及应用 [M]. 北京：机械工业出版社，2020.

[3]　陈尚义，彭良莉，刘钒. 计算机视觉应用开发 (初级)[M]. 北京：高等教育出版社，2021.

[4]　周勇. 计算思维与人工智能基础 [M]. 北京：人民邮电出版社，2021.

[5]　韩雁泽，刘洪涛. 人工智能基础与应用 (微课版)[M]. 北京：人民邮电出版社，2021.

[6]　肖正兴，聂哲. 人工智能应用基础 [M]. 北京：高等教育出版社，2019.

[7]　宋楚平，陈正东. 人工智能基础与应用 [M]. 北京：人民邮电出版社，2021.

[8]　关景新，姜源. 人工智能导论 [M]. 北京：机械工业出版社，2021.

[9]　HASSABALLAH M，ALY S. Face recognition: challenges，achievements and future directions. IET Computer Vision，2015，9(4): 614-626.

[10]　MIKOLOV T, CHEN K, CORRADO G, et al. Efficient estimation of word representations in vector space[J]. arXiv preprint arXiv:1301.3781, 2013.

[11]　PENNINGTON J, SOCHER R, MANNING C D. Glove: Global vectors for word representation[C]//Proceedings of the 2014 conference on empirical methods in natural language processing (EMNLP). 2014: 1532-1543.

[12]　JOULIN A, GRAVE E, BOJANOWSKI P, et al. Bag of tricks for efficient text classification[J]. arXiv preprint arXiv:1607.01759, 2016.

[13]　WELLING M, KIPF T N. Semi-supervised classification with graph convolutional networks[C]//J. International Conference on Learning Representations (ICLR 2017). 2016.

[14]　WU Z, PAN S, CHEN F, et al. A comprehensive survey on graph neural networks[J]. IEEE transactions on neural networks and learning systems, 2020, 32(1): 4-24.

[15]　ZHANG Z, CUI P, ZHU W. Deep learning on graphs: A survey[J]. IEEE Transactions on Knowledge and Data Engineering, 2020.